U0395687

格致方法·定量研究系列　吴晓刚　主编

回归诊断简介

[加] 约翰·福克斯(John Fox) 著
於嘉 译

SAGE Publications, Inc.
格致出版社　上海人民出版社

出版说明

由香港科技大学社会科学部吴晓刚教授主编的“格致方法·定量研究系列”丛书，精选了世界著名的SAGE出版社定量社会科学研究丛书，翻译成中文，起初集结成八册，于2011年出版。这套丛书自出版以来，受到广大读者特别是年轻一代社会科学工作者的热烈欢迎。为了给广大读者提供更多的方便和选择，该丛书经过修订和校正，于2012年以单行本的形式再次出版发行，共37本。我们衷心感谢广大读者的支持和建议。

随着与SAGE出版社合作的进一步深化，我们又从丛书中精选了三十多个品种，译成中文，以飨读者。丛书新增品种涵盖了更多的定量研究方法。我们希望本丛书单行本的继续出版能为推动国内社会科学定量研究的教学和研究作出一点贡献。

总序

2003年，我赴港工作，在香港科技大学社会科学部教授研究生的两门核心定量方法课程。香港科技大学社会科学部自创建以来，非常重视社会科学研究方法论的训练。我开设的第一门课“社会科学里的统计学”(Statistics for Social Science)为所有研究型硕士生和博士生的必修课，而第二门课“社会科学中的定量分析”为博士生的必修课(事实上，大部分硕士生在修完第一门课后都会继续选修第二门课)。我在讲授这两门课的时候，根据社会科学研究生的数理基础比较薄弱的特点，尽量避免复杂的数学公式推导，而用具体的例子，结合语言和图形，帮助学生理解统计的基本概念和模型。课程的重点放在如何应用定量分析模型研究社会实际问题上，即社会研究者主要为定量统计方法的“消费者”而非“生产者”。作为“消费者”，学完这些课程后，我们一方面能够读懂、欣赏和评价别人在同行评议的刊物上发表的定量研究的文章；另一方面，也能在自己的研究中运用这些成熟的方法论技术。

上述两门课的内容，尽管在线性回归模型的内容上有少量重复，但各有侧重。“社会科学里的统计学”从介绍最基本的社会研究方法论和统计学原理开始，到多元线性回归模型结束，内容涵盖了描述性统计的基本方法、统计推论的原理、假设检验、列联表分析、方差和协方差分析、简单线性回归模型、多元线性回归模型，以及线性回归模型的假设和模型诊断。“社会科学中的定量分析”则介绍在经典线性回归模型的假设不成立的情况下的一些模型和方法，将重点放在因变量为定类数据的分析模型上，包括两分类的 logistic 回归模型、多分类 logistic 回归模型、定序 logistic 回归模型、条件 logistic 回归模型、多维列联表的对数线性和对数乘积模型、有关删节数据的模型、纵贯数据的分析模型，包括追踪研究和事件史的分析方法。这些模型在社会科学研究中有着更加广泛的应用。

修读过这些课程的香港科技大学的研究生，一直鼓励和支持我将两门课的讲稿结集出版，并帮助我将原来的英文课程讲稿译成了中文。但是，由于种种原因，这两本书拖了多年还没有完成。世界著名的出版社 SAGE 的“定量社会科学研究”丛书闻名遐迩，每本书都写得通俗易懂，与我的教学理念是相通的。当格致出版社向我提出从这套丛书中精选一批翻译，以飨中文读者时，我非常支持这个想法，因为这从某种程度上弥补了我的教科书未能出版的遗憾。

翻译是一件吃力不讨好的事。不但要有对中英文两种语言的精准把握能力，还要有对实质内容有较深的理解能力，而这套丛书涵盖的又恰恰是社会科学中技术性非常强的内容，只有语言能力是远远不能胜任的。在短短的一年时间里，我们组织了来自中国内地及香港、台湾地区的二十几位研究生参与了这项工程，他们当时大部分是香港科技大学的硕士和博士研究生，受过严格的社会科学统计方法的训练，也有来自美国等地对定量研究感兴趣的博士研究生。他们是香港科技大学社会科学部博士研究生蒋勤、李骏、盛智明、叶华、张卓妮、郑冰岛，硕士研究生贺光烨、李兰、林毓玲、肖东亮、辛济云、於嘉、余珊珊，应用社会经济研究中心研究员李俊秀；香港大学教育学院博士研究生洪岩璧；北京大学社会学系博士研究生李丁、赵亮员；中国人民大学人口学系讲师巫锡炜；中国台湾"中央"研究院社会学所助理研究员林宗弘；南京师范大学心理学系副教授陈陈；美国北卡罗来纳大学教堂山分校社会学系博士候选人姜念涛；美国加州大学洛杉矶分校社会学系博士研究生宋曦；哈佛大学社会学系博士研究生郭茂灿和周韵。

参与这项工作的许多译者目前都已经毕业，大多成为中国内地以及香港、台湾等地区高校和研究机构定量社会科学方法教学和研究的骨干。不少译者反映，翻译工作本身也是他们学习相关定量方法的有效途径。鉴于此，当格致出版社和 SAGE 出版社决定在"格致方法 · 定量研究系列"丛书中推出另外一批新品种时，香港科技大学社会科学部的研究生仍然是主要力量。特别值得一提的是，香港科技大学应用社会经济研究中心与上海大学社会学院自 2012 年夏季开始，在上海（夏季）和广州南沙（冬季）联合举办《应用社会科学研究方法研修班》，至今已经成功举办三届。研修课程设计体现"化整为零、循序渐进、中文教学、学以致用"的方针，吸引了一大批有志于从事定量社会科学研究的博士生和青年学者。他们中的不少人也参与了翻译和校对的工作。他们在繁忙的学习和研究之余，历经近两年的时间，完成了三十多本新书的翻译任务，使得“格致方法 · 定量研究系列”丛书更加丰富和完善。他们是：东南大学社会学系副教授洪岩璧，香港科技大学社会科学部博士研究生贺光烨、李忠路、王佳、王彦蓉、许多多，硕士研究生范新光、缪佳、武玲蔚、臧晓露、曾东林，原硕士研究生李兰，密歇根大学社会学系博士研究生王骁，纽约大学社会学系博士研究生温芳琪，牛津大学社会学系研究生周穆之，上海大学社会学院博士研究生陈伟等。

陈伟、范新光、贺光烨、洪岩璧、李忠路、缪佳、王佳、武玲蔚、许多多、曾东林、周穆之，以及香港科技大学社会科学部硕士研究生陈佳莹，上海大学社会学院硕士研究生梁海祥还协助主编做了大量的审校工作。格致出版社编辑高璇不遗余力地推动本丛书的继续出版，并且在这个过程中表现出极大的耐心和高度的专业精神。对他们付出的劳动，我在此致以诚挚的谢意。当然，每本书因本身内容和译者的行文风格有所差异，校对未免挂一漏万，术语的标准译法方面还有很大的改进空间。我们欢迎广大读者提出建设性的批评和建议，以便再版时修订。

我们希望本丛书的持续出版，能为进一步提升国内社会科学定量教学和研究水平作出一点贡献。

吴晓刚

于香港九龙清水湾

目 录

序

在社会科学的数据分析中，回归可谓最常用的方法。通过计算机获得一个估计的回归方程就和数数一样简单，事实的确如此，因为利用任何一个软件程序，研究者都可以按如下步骤操作：(1)加载样本数据；(2)确定回归方程；(3)利用普通最小二乘法进行估计。这将获得一个类似下面这个等式的结果：

$$Y = 62 + 71.5X_1 + 5.4X_2 + e$$

但是，这个估计的结果如实反映了真实世界的状况吗？例如，在 X_2 保持不变的情况下，X_1 一个单位的变化是否将导致 Y 产生 71.5 的预期变化？我们往往可以非常自信地谈论总体估计的精确度。但是，我们对回归结果的信任程度取决于是否能够成功地处理以下常见问题：多元共线性、奇异值、非正态、异方差性以及非线性。

福克斯教授将“诊断”引申为发现上述问题。例如奇异观测值或更概括地讲，即强影响观测值产生的问题。除了那些可以展示某一极端值如何影响回归直线的常用图形外，他对其他测量方法也进行了阐释：预测值、学生残差、Cook 距离以及偏回归散点图。这些测量方法大多可以通过常用的软件程序获得，例如 SAS 或 SPSS。

在对回归进行了诊断之后，福克斯专注寻找可能的解决办法。此类问题非常多，例如，如果具有高度的共线性，这个变量需要被剔除出回归方程吗？如果有奇异值出现，这个观测是否应该被舍弃？当误差的分布是偏斜的时候，是否应该对其进行一些变换？在异方差性存在的情况下，是否应该使用加权最小二乘法以解决这一问题？当非线性问题存在时，是否应该使用次方转换？在面对这些重要的问题时，应尽量避免使用机械的权宜方法。正如作者不断强调的，这些方法永远不能取代判别和思想。

为了使解释更加丰富，福克斯利用了许多数据作为例子：美国的人口普查、职业声望、人们报告的体重、加拿大公司中的董事会。这些例子使得本书中的诊断适用于广大的回归方法使用者。此外，有意愿受更高级训练的读者可以在附录中寻找答案（例如，对用于解决高度共线性的岭回归的评估）。每一个使用回归分析的人，理应进行一系列回归诊断。

迈克尔·S. 刘易斯-贝克

第1章

概　论

在社会科学研究中，线性最小二乘回归分析可谓最常用的统计技术，并为许多其他的统计方法奠定了基础。但是，最小二乘回归往往面临许多困难，它对于数据结构有着较强且往往不切实际的假设。回归诊断是用于探索存在于回归分析中的问题及判断某些假设是否合理的一种技术。

回归诊断在当代的发展与计算机交互式的统计分析的实现是不可分割的，因此，回归诊断在很大程度上是近 20 年的产物。与回归诊断方法紧密相关的是用于纠正已发现问题的各种技术，其中许多方法都涉及对数据的转换。

作为一个初步的例子，我们首先考虑图 1.1 中来自安斯库姆(Anscombe, 1973)的四幅散点图。统计分析的一个目的就在于为数据提供详尽的描述性归纳。安斯库姆的四个数据集已被设计得出相同的标准线性回归结果：斜率、截距、相关系数、回归标准误、系数标准误以及统计检验。但非常重要的是，它们不具有相同的残差。

在图 1.1(a)中，线性回归合理地描述了 y 随 x 的增长而增长这一趋势。在图 1.1(b)中，线性回归未能反映出数据具有的曲线形式，所以线性方程显然是错的。在图 1.1(c)中，某一点与其他点构成的直线偏离，这对拟合的回归直线产生了很大的影响，而仅通过其他点的直线则将完美拟合。在理想的情况下，我们希望了解为什么最后一个观测值偏离了其他观测值。它可能确有特殊之处（例如它受到除 x 之外其他值的影响），或是体现了在数据记录过程中的误差。当然，我们在此只是设想，因为安斯库姆的数据只是简单地构造出来的，但重点在于我们需要从实质上寻求解决异常值的方法。在图 1.1(d)中，若没有最后一个点，我们就不能拟合出直线。因此，我们至少应该对回归结果持有谨慎而怀疑的态度。

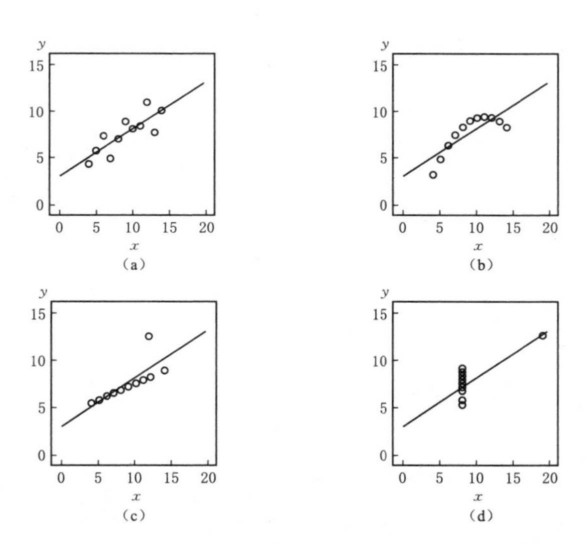

注：来自 F. J. Anscombe，1973。在每个散点图中都显示了最小二乘回归直线。
资料来源：Anscombe，1973。已经获得美国统计协会授予的重新作图和印刷权。

图 1.1 具有同样标准回归输出的数据集

上述例子的简单阐释一定程度上介绍了本书的许多议题，包括非线性、奇异数据、强影响数据以及图示的重要作用。普通的回归结果往往不能清晰地表现出全部的真实状况，诊断方法(其中许多是使用图形的)帮助我们填补回归结果未顾及的那些部分。

第2章主要回顾最小二乘线性回归。第3章将讨论多元回归中共线性的问题。第4章主要处理奇异与强影响数据。在第5章至第7章中，我们将主要探讨误差非线性、不一致的误差方差和非线性问题。第8章将简要阐释离散数据产生的问题。第9章主要介绍基于最大似然法、计分检验和构造变量的较复杂的诊断方法。在第10章中，我们将考虑如何将介绍的具体诊断方法和技术应用到研究中。这一章的内容也包括如何使用电脑软件进行回归诊断，并以阅读书目的推荐作为全书的结束。

大部分技术性的细节可参见本书的附录。对附录内容理解的基本要求是掌握一定的最小二乘法的矩阵代数以及基本的统计理论。尽管附录提供了更加深入的内容，但不十分重视技术的读者仍可以略过，这并不影响对本书的理解。我的目标在于使这本书在一定程度上是独立的，同时保持其通用性。

本书当然无法包含有关诊断的全部内容，但我试图处理一些可以使回归模型更加有效的中心议题。由于篇幅限制，除了在第10章中略有提及，本书不包括解决时间序列回归中的误差自相关问题的方法。关于这方面的内容，可参见另一本专著(Ostrom，1990)。

第2章

最小二乘回归

由于我们已经假定本书的读者对于最小二乘回归非常熟悉,因此本章的主要目的在于对其进行回顾。在附录 1 中有具体演算过程。

第1节 | 回归模型

线性回归模型可以用以下方程表示出来：

$$y_i = \beta_0 + \beta_1 x_{1i} + \beta_2 x_{2i} + \cdots + \beta_k x_{ki} + \varepsilon_i \qquad [2.1]$$

其中，$i=1, \cdots, n$ 表示样本观测。在方程2.1中，y_i 是因变量，x_{ij} 是回归因子，ε_i 是不可观测的误差。β_j 是需要从数据中估计的未知参数。按照通常的标准，我们假设误差是独立的，且符合期望为0、方差为常数 σ^2 的标准正态分布：$\varepsilon_i \sim \mathrm{NID}(0, \sigma^2)$。违背这一假设的结果和用于发现是否违背这一假设的方法将在后面进行讨论。

如果 x_{ij} 与 y_i 都是由抽样获得的，而不像实验设计那样是限定的，则还需要假设 x 的分布独立于 σ。最后一个假设既可以被认为是描述性的，也可以被认为是结构性的：从描述方面来讲，任何 x 值上 y 所有取值的均值和 x 值本身构成的点必须在回归平面上；从结构方面或因果方面来讲，我们另外要求 y 被忽略的原因（其为包含在误差中的一部分）本身不受 x 影响，且与 x 线性不相关。除非特殊情况，否则最后一个假设是无法用数据检验的，因为最小二乘拟合确保了用于估计误差的残差与样本中的 x 是不相关的。

第 2 节 | 最小二乘估计

拟合的回归可以写为：

$$y_i = b_0 + b_1 x_{1i} + b_2 x_{2i} + \cdots + b_k x_{ki} + e_i = \hat{y}_i + e_i$$

其中，x_{ij} 和 y_i 与方程 2.1 中的一样，b_j 是相应的 β_j 的估计，e_i 是残差。拟合的值可以通过 $\hat{y}_i = b_0 + b_1 x_{1i} + b_2 x_{2i} + \cdots + b_k x_{ki}$ 获得。用于确保残差平方和最小而获得的最小二乘回归系数是符合下列标准方程的 b_j 值：

$$\begin{aligned}
& b_0 n + b_1 \sum x_1 + \cdots + b_k \sum x_k = \sum y \\
& b_0 \sum x_1 + b_1 \sum x_1^2 + \cdots + b_k \sum x_1 x_k = \sum x_1 y \\
& \vdots \\
& b_0 \sum x_k + b_1 \sum x_1 x_k + \cdots + b_k \sum x_k^2 = \sum x_k y
\end{aligned}$$

由于总数显然超过了 $i = 1, \cdots, n$，所以我停止使用用于表示观测值的下标 i(例如 x_1 代表 x_{1i})。上述标准方程对 b_j 有唯一解值，但需要满足两个条件：(1)所有的 x_j 都不是恒定的；(2)任何 x_j 都不能是其他的完全线性组合。

标准方程显示最小二乘残差和为 0，因此其平均值也为 0。此外，这些残差和拟合值与 x 均不相关，原因在于：

$$\sum e_i \hat{y}_i = 0$$

$$\sum e_i x_{ji} = 0 (j = 1, \cdots, k)$$

误差方差是根据 $s^2 = \sum e_i^2/(n-k-1)$ 估计得出的，其中 $n-k-1$ 是误差的自由度。拟合模型复相关系数的平方可以表示如下：

$$R^2 = \frac{\sum (y_i - \bar{y})^2 - \sum e_i^2}{\sum (y_i - \bar{y})^2} = \frac{\sum (\hat{y}_i - \bar{y})^2}{\sum (y_i - \bar{y})^2}$$

它可以解释为用 x 进行线性回归来解释的 y 的比例。

第 3 节 | 回归系数的统计推论

被估计的回归系数 b_1，…，b_k 的抽样方差为：

$$\hat{V}(b_j)=\frac{s^2}{\sum(x_{ji}-\bar{x}_j)^2}\times\frac{1}{1-R_j^2}=\frac{s^2}{(n-1)s_j^2}\times\frac{1}{1-R_j^2}$$

其中，$s_j^2=\sum(x_{ji}-\bar{x}_j)^2/(n-1)$ 是 x_j 的方差，R_j^2 是通过利用其他 x 对 x_j 进行回归而得到的复相关系数平方。零假设 $H_0:\beta_j=\beta_j^{(0)}$（通常 $H_0:\beta_j=0$）的 t 统计量是由 $t_0=(b_j-\beta_j^{(0)})/\mathrm{SE}(b_j)$ 获得的，其中 $\mathrm{SE}(b_j)=[\hat{V}(b_j)]^{1/2}$ 是 b_j 的估计标准误。根据 H_0，t_0 符合 t 分布，其自由度为 $n-k-1$。

为了检验所有回归系数均为 0 这一假设（除了常数 β_0），例如，$H_0:\beta_1=\beta_2=\cdots=\beta_p=0$（其中 $p\leqslant k$），我们可以计算增量 F 统计值：

$$F_0=\frac{n-k-1}{p}\times\frac{R^2-R_0^2}{1-R^2}$$

在这里，R^2 与之前一样，是全模型复相关系数的平方值，而 R_0^2 是利用剩余 x，即 x_{p+1}，…，x_k 对 y 进行回归获得的复相关系数的平方值。这些 t 统计和 F 统计均符合回归模型的假设，包括正态分布的误差。

β_j 的 $100(1-\alpha)\%$ 置信区间为：

$$\beta_j = b_j \pm t_{\alpha/2,\, n-k-1}\mathrm{SE}(b_j) \qquad [2.2]$$

由于置信区间的范围与估计的系数标准误是成比例的，$\mathrm{SE}(b_j)$自然成为对估计量 b_j 估计精度的一个测量。

同样，一个椭圆形的多系数联合置信区域可以通过回归系数的方差和协方差以及来自 F 分布的一个临界值获得(见附录1)。图2.1显示了参数个数为两个(β_1 与 β_2)的状况。正如方程2.2给出了在 α 水平下所有可接受的 β_j 值，图2.1中的椭圆形包括了所有 β_1 与 β_2 联合的可接受值。

置信椭圆形以估计值 b_1 与 b_2 为中心。椭圆在 β_1 与 β_2 轴上的投影表示每个参数单独的置信区间，尽管与联合区域相比，投影往往在具有高水平的置信度区间。正如置信区间的长度表示单一参数估计的精度，联合置信区域的大小(比如两个参数时的面积、三个参数时的体积和四个参数时的多维体积)表示这几个参数联立的估计精度。

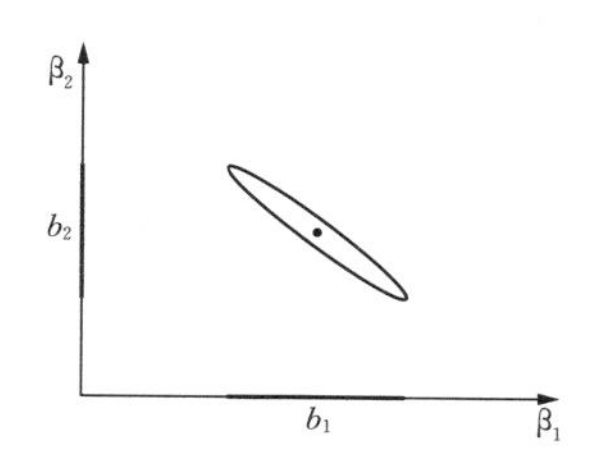

注：置信区域组成的椭圆形是以估计量 b_1 与 b_2 为中心的。联合置信区域在 β_1 和 β_2 轴上的投影即这些参数的置信区间(但是与联合置信区域相比，置信水平较高)。

图2.1　系数 β_1 和 β_2 的联合置信区域

第 4 节 | 一般线性模型

由于除了不能与误差相关之外，没有关于 x 分布的假设，这使得线性回归模型的应用范围远比其最初出现时广泛得多。x 可能包括构造的、用以获得定性自变量作用的虚拟回归因子；或由几个变量构成的、用以了解自变量的非累加作用的交互回归因子；或用于对数据中的非线性形式建模的多项式回归因子等等。只要模型可以表示为方程 2.1 所示，也就是说，模型对参数 β_0，β_1，…，β_k 是线性的，那么就可以用线性回归进行分析，回归平面自身不必是平坦的。广义来说，线性回归模型也可称为“一般线性模型”。

第3章

共线性

第 1 节 | 共线性与方差膨胀

正如在第 2 章中提到的，当线性回归模型的回归因子中存在完全的线性关系时，最小二乘系数将不是唯一确定的。这一结果可以从只具有两个回归因子，即 $k=2$ 的情况下看出，其标准方程如下：

$$\begin{aligned} b_0 n + b_1 \sum x_1 + b_2 \sum x_2 &= \sum y \\ b_0 \sum x_1 + b_1 \sum x_1^2 + b_2 \sum x_1 x_2 &= \sum x_1 y \\ b_0 \sum x_2 + b_1 \sum x_1 x_2 + b_2 \sum x_2^2 &= \sum x_2 y \end{aligned} \quad [3.1]$$

解这个标准方程可以获得：

$$\begin{aligned} b_0 &= \bar{y} - b_1 \bar{x}_1 - b_2 \bar{x}_2 \\ b_1 &= \frac{\sum x_1' y' \sum x_2'^2 - \sum x_2' y' \sum x_1' x_2'}{\sum x_1'^2 \sum x_2'^2 - (\sum x_1' x_2')^2} \\ b_2 &= \frac{\sum x_2' y' \sum x_1'^2 - \sum x_1' y' \sum x_1' x_2'}{\sum x_1'^2 \sum x_2'^2 - (\sum x_1' x_2')^2} \end{aligned} \quad [3.2]$$

其中，$x_1' = x_1 - \bar{x}_1$，$x_2' = x_2 - \bar{x}_2$，$y' = y - \bar{y}$ 是均差形式的变量。

x_1 与 x_2 的相关系数为：

$$r_{12} = \frac{\sum x_1' x_2'}{\sqrt{\sum x_1'^2 \sum x_2'^2}}$$

因此，如果 $r_{12}=\pm 1$，则方程 3.2 中 b_1 与 b_2 的分母为 0，这些系数无解(更准确地说，b_1 与 b_2 有无限组符合标准方程 3.1 的解)。

如果自变量之间具有很强的但不完全的线性关系，则会导致最小二乘回归系数的不稳定：系数的标准误很大，反映了 β 值估计的不准确，因此，β 的置信区间范围也很大。数据中的变化，哪怕是极端情况下因为四舍五入导致的误差，也可以在很大程度上改变最小二乘系数，而且由于最小二乘值而导致的系数的较大变化也很难增加残差的平方和。

在前面的章节中，我们提到最小二乘系数 b_j 的估计方差为：

$$\hat{V}(b_j)=\frac{s^2}{(n-1)s_j^2}\times\frac{1}{1-R_j^2} \tag{3.3}$$

$1/(1-R_j^2)$ 表示了共线性对估计精度产生的影响大小，叫做“方差膨胀因子”(VIF_j)。需要注意的是，VIF 显示的不是两个回归因子之间的相关性(当 $k>2$ 时)，而是对某一个自变量 x 根据其他所有自变量进行回归得到的复相关系数。因此，多元回归中的共线性也被称为“多元共线性”。

另外值得关注的是，在方程 3.3 中，影响估计精度的其他因素是估计的误差方差、样本规模和 x_j 的方差。误差方差越小，样本规模越大；x 的分布越广，则回归的估计精度越高。从已有的经验来看，社会科学研究中不精确的估计大多来自过大的误差方差和过小的样本规模，而不是严重的共线性。

由于 β_j 的估计精度可以用参数置信区间的宽度来衡量，并且由于置信区间的宽度与 β_j 的标准误是成比例的，我推荐对 VIF 的平方根而非 VIF 本身进行检查。表 3.1 显示，x 间的线性关系必须非常强，才能对回归有严重的影响。例如，

只有当 R_j 接近 0.9 的时候，估计的精度才会减半。

以埃里克森(Ericksen)、卡登(Kadane)和杜凯(Tukey)的数据为例，其回归结果显示在表 3.2 中。此处的目标在于创建一个预测方程以提高对 1980 年美国人口普查不完全统计的估计。我们已经能够肯定，人口普查未能对每个郡中的所有人进行调查。

表 3.1 回归因子间的复相关函数构成的系数方差膨胀

R_j	$VIF_j = 1/(1-R_j^2)$	$\sqrt{VIF}$[a]
0.0	1.0	1.0
0.2	1.04	1.02
0.4	1.19	1.09
0.6	1.56	1.25
0.8	2.78	1.67
0.9	5.26	2.29
0.95	10.3	3.20
0.99	50.3	7.09
0.999	500.3	22.4
1.0	∞	∞

注：a. 标准误差 b_j 的影响。

表 3.2 对美国 66 个中心城市、州城市和州 1980 年进行的人口普查不完全统计的估计进行的回归

预测因子	系 数	标准误	$\sqrt{VIF}$
常数项	−1.77	1.38	—
少数族群	0.0798	0.0226	2.24
犯罪	0.0301	0.0130	1.83
贫困	−0.178	0.0849	2.11
语言	0.215	0.0922	1.28
高中	0.0613	0.0448	2.15
住房	−0.0350	0.0246	1.37
城市	1.16	0.77	1.88
便利	0.0370	0.0093	1.30
R^2	0.708		

注：这些作者使用了权重最小二乘回归(参见附录 8)，由此可以考虑最初对 66 个地区不完全统计估计的不同精度。与之相比，上表显示的是普通最小二乘回归。

某些类型的个体更容易被漏查，比如非白种人、穷人和大城市中的居民。回归中的因变量是对66个地区进行人口普查不完全统计状况的初步估计。这66个地区包括16个大城市、这16个大城市所在州的剩余地区以及另外34个州。初步的估计是根据8个被认为会对人口普查不完全统计构成影响的预测因子进行回归得出的，这8个自变量如下：

(1) 黑人或西班牙裔所占的百分比(少数族群)；

(2) 每1000人中发生严重犯罪的比例(犯罪)；

(3) 贫困群体的百分比(贫困)；

(4) 英语口语与写作有障碍群体人数百分比(语言)；

(5) 25岁及以上没有高中毕业者所占人口百分比(高中)；

(6) 住房较小或多单元住宅群体所占人口百分比(住房)；

(7) 城市为1、州及州内其他城市为0的虚拟变量(城市)；

(8) 能够便利地接受访问与拒绝寄回问卷户数的百分比(便利)。

表3.3显示了这些预测因子之间的相关系数。尽管某些成对的相关系数相对较大(最大的接近0.73)，但并没接近1的。从表3.2中可以看到，根据VIF的平方根，几个回归估计(少数族群、贫困和高中的系数)受共线性的影响。

表 3.3 对 1980 年人口普查不完全统计的 8 个预测因子之间的相关系数

预测因子	少数族群	犯罪	贫困	语言	高中	住房	城市
犯罪	0.655						
贫困	0.738	0.369					
语言	0.395	0.512	0.152				
高中	0.535	0.0666	0.751	−0.116			
住房	0.356	0.532	0.335	0.340	0.235		
城市	0.758	0.729	0.538	0.480	0.315	0.566	
便利	−0.334	−0.233	−0.157	−0.108	−0.414	−0.0863	−0.269

资料来源:Ericksen, Kadane and Tukey, 1980。

作为直接衡量共线性对估计精度影响的指标,系数方差的膨胀度可以扩展用于几个系数的置信区域。相关的应用包括虚拟变量或多项式变量的情况,但在这里,单一系数的方差膨胀则不太受关注。

第2节 | 对共线性的处理：没有速效方法

当 x_1 与 x_2 之间共线性问题很突出时，例如在 x_2 统计被控制恒定的情况下，数据不包括任何由 x_1 带来的影响，因为当 x_2 被固定时，x_1 也没有任何变化。当然，当固定 x_1 时，x_2 的情况也一样。因为 b_1 估计了 x_2 固定时，x_1 的局部效应。尽管有许多用来处理共线性的方法，但没有一个能从数据中提取出根本不存在的信息，否则就是研究的问题被不经意间重新定义了。在一些情况下，这种重新定义是有理可循的，但通常情况下并非如此。解决共线性问题最理想的方式就是在避免类似问题的情况下收集新的数据，如对 x 进行实验操作。但不幸的是，这个解决方法往往不切实际。

有几种不能充分解决共线性数据的处理方法将在下文进行讨论。此处我用较大的篇幅探讨变量选择问题，因为选择的方法往往已被社会科学家滥用，并且关于变量选择的策略比较直接，另外，在某种或有限制的情况下，变量选择往往是一种合理的解决对策。

第一，模型的重新确定。尽管共线性是数据中的问题而非（必然）模型的缺陷，但一种解决此类问题的方法是模型的重新确定。也许经过进一步的思考会发现，某些模型中的回归因子可能是同一个潜在建构的、不同的概念化指标。所以这些测量可以使用某些方法进行合并，或者可以选择用来表示其他的建构。在这种情形下，被研究的自变量 x 的高度相关恰恰显示了高度的有效性。假设一个跨国分析是针对影响婴儿死亡率的因素，那么自变量中的人均国民生产总值、人均耗能量以及人均电视拥有率会高度相关。此时，研究可能将这些变量处理为展现总体经济发展水平的一个指标。

另外，我们可以重新考虑是否需要在检查 y 与 x_1 的关系时控制 x_2。一般来说，这一类的重新确认只发生在初始模型不理想或研究者想要放弃一些研究目标之时。例如，假设一个时间序列回归旨在检验决定已婚妇女参与劳动的决定因素，共线性问题使我们很难分离男性工资水平与女性工资水平的影响。但是在这个研究中，我们仍希望在控制其他自变量时，理解妇女的工资与参与劳动力市场的局部关系。

第二，变量选择。一个常见的但往往容易被误用的解决共线性的方法是变量选择，它往往有一定的步骤，用来将模型中回归因子减少至较低相关性的组合。向前逐步回归的方法是每次在模型中加入一个变量。在每一步中，使 R^2 增量最大的变量将被选择留下。这一步骤在增量比预先设定的标准小时停止。向后逐步回归方法与之类似，差别在于全部过程从全模型开始，且每次删掉一个变量。向前/向后的方法是上述两种方式的组合。

逐步的方法往往被一些不成熟的研究者滥用，他们试图将变量纳入回归方程的次序作为对这些变量重要性的解释。这类处理方式可能是误导性的，因为在某种情况下，两个高度相关的自变量 x 可能对 y 有同样的影响，但只有一个可以被纳入回归方程，因为另一个不能增加任何附加信息。对数据稍加处理或另选一个样本则可能导致相反的结果。

在技术上对逐步方法的反对是因为其可能无法显示出给定数量的最佳回归因子的组合子集(比如能够使 R^2 达到最大的子集)。计算机技术的进步可以使我们在计算过程中检查所有回归因子的子集，即便回归因子的个数 k 非常大。除了使选择的标准最优化之外，选择子集这一技术也对揭示其他可能的或几乎等同的模型大有裨益，这样可以帮助避免产生唯一"正确"的结果的状况。

一个常用的选择子集的方法是基于所有(或定额)的从 $\hat{y}$ 估计得出的 $E(y)$的均方差，即根据观察到的拟合平面中的 x 估计总体回归平面：

$$\gamma_p = \frac{1}{\sigma^2}\sum_{i=1}^{n}\mathrm{MSE}(\hat{y}_i) = \frac{1}{\sigma^2}\sum_{i=1}^{n}\{V(\hat{y}_i) + [E(\hat{y}_i) - E(y_i)]^2\}$$

[3.4]

其中，拟合值 $\hat{y}_i$ 是基于包括 $p \leqslant k+1$ 个回归因子的模型(包含常数项，它往往都包含在模型中)得出的。如果研究目标就是根据 x 预测 y，那么使用误差作为估计 $E(y)$的标准就是合理的。

需要注意的是，方程 3.4 中的 $[E(\hat{y}_i) - E(y_i)]^2$ 表示对总体回归平面 $E(y_i)$得出的估计值 $\hat{y}_i$ 的偏差平方。当共线性的回归因子从模型中被删除的时候，一般来说，$V(\hat{y}_i)$会变小(取决于数据点的构成与真实的 β 在回归因子中被删除)，但是偏差则可能被引入拟合值。因为 MSE 是方差的和与偏差的平方，所以根本的问题在于，方差的降低是否造成了偏差的增加？

马洛斯(Mallows, 1973)的 C_p 统计量将 γ_p 估计为：

$$C_p = \frac{\sum e_i^2}{\hat{\sigma}^2} + 2p - n = (k+1-p)(F_p - 1) + p$$

其中,残差来自考虑中的子模型,误差方差的估计量 $\hat{\sigma}^2$ 是全模型中的 s^2, F_p 是 F 统计量的增量,用以检验现在的子模型中被忽略的回归因子总体系数为 0 这一假设。如果这个假设是成立的,则 $E(C_p) \approx p$。因此,一个好的模型往往拥有接近或小于 p 的 C_p 值。同样,使 C_p 值最小也会导致残差平方和的最小化,从而使 R^2 最大化。需要注意的是,对于全模型来说,C_{k+1} 必然等于 $k+1$。

由于好的模型拥有接近于 p 的 C_p 值,所以我们可以依据 p 来对 C_p 进行绘图,从而辨识出好的模型。在此图中,将每个点都用符号标示以代表包含在模型中的自变量,并将 $C_p = p$ 这条线叠加在这个散点图上,好的模型会接近或低于这条参照线。如果依据 p 对 C_p 进行绘图去除了趋势(即每一个点都减去参照线),那么这个散点图将非常易于观察。此时我们可以寻找 $C_p - p$ 接近或小于 0 的值。

图 3.1 是关于人口普查中不完全统计的一个解释性的 C_p 散点图。图中只包含使 $C_p - p \leqslant 10$ 的模型(包括 $2^8 - 1 = 255$ 个预测因子子集中的 52 个)。埃里克森等人(Ericksen et al., 1992)选择了图中标为 MCN 的子集(包括少数族群、犯罪与便利这三个预测因子)。在此, $p = 4$ 且 $C_p = 12.7$。

这表明了仍有提升的空间,有待引入更多的预测因子。表 3.4 包含了这个子集的回归方程、四个回归因子(MCLN,加入了语言, $p = 5$ 且 $C_p = 8.5$)和五个回归因子(MCPLN,加入了贫困, $p = 6$ 且 $C_p = 7.3$)的“最佳”子集的回归方程。

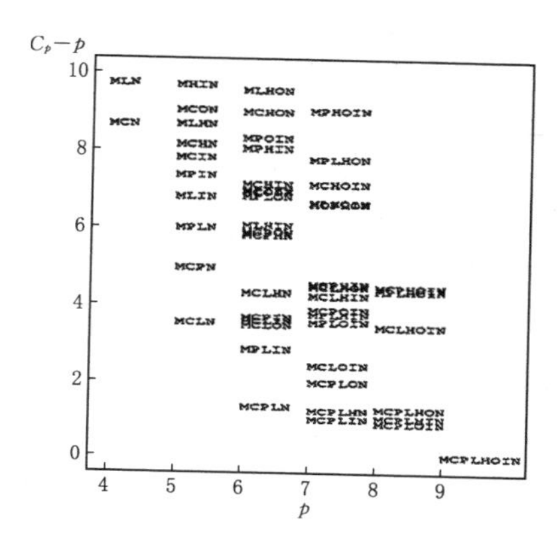

注：大写字母用于标示变量，即少数族群(Minority)、犯罪(Crime)、贫困(Poverty)、语言(Language)、高中(High school)、住房(hOusing)、城市(cIty)和便利(coNventional)。埃里克森等人(Ericksen et al.，1989)选择了自变量子集MCN(即少数族群、犯罪和便利)。

图3.1 对普查不完全统计的C_p-p根据p绘制散点图

表3.4 最优的模型回归子集

预测因子	系数[a]		
	$p=4$	$p=5$	$p=6$
常数项	−2.22 (0.56)	−1.98 (0.55)	−0.793 (0.860)
少数族群	0.0786 (0.0147)	0.0752 (0.0143)	0.101 (0.020)
犯罪	0.0363 (0.0100)	0.0272 (0.0104)	0.0243 (0.0103)
便利	0.0280 (0.0081)	0.0273 (0.0077)	0.0293 (0.0077)
语言		0.209 (0.087)	0.184 (0.086)
贫困			−0.110 (0.062)
R^2	0.638	0.669	0.686
C_p	12.7	8.51	7.32

注：a. 括号内为系数的标准误。
资料来源：数据来自Ericksen，Kadane and Tukey，1989。

对于这个数据集来说，向后与向前/向后逐步回归的方法确认了包括三个、四个和五个预测因子的“最佳”子集，但是向前的方法却无法做到(但是通过回顾之前的内容，埃里克森等人采用了一种比普通最小二乘回归法更复杂的估计策略)。

在进行变量选择时，应该牢记以下的告诫：

首先，最重要的是，变量选择导致了一个重新确立的模型，但是往往不能解决我们一开始提出的研究问题。尤其在最初的模型是正确确立的，并且包含的与忽略的变量是相关的情况下，根据变量选择而获得的系数估计量将是有偏的。这样一来，这类方法最适用于纯粹的预测问题，其中根据回归因子得出的预测数据的值将在这个选择发生的数据框架之内，正如在人口普查不完全统计的例子中。在这种情况下，即使系数本身是有偏的，仍然有可能获得 $E(y)$ 的良好估计值。但是，如果对于一个新的观测值来说，x 在它与那些得出估计值的观测中是不同的，则相应的预测 y 可能严重有偏。

其次，当回归因子成系列出现时(例如虚拟变量)，这些系列则应在选择过程中被保留在一起。同样，当回归因子中有分层关系时，那么这些关系应被保留。比如，如果主效应不包含在回归因子中，那么包含这个主效应的交互项回归因子也不应该出现在模型中。

第三，因为变量选择使模型对样本数据的拟合最优化，所以基于变量选择的自变量系数的标准误(以及置信区间和假设检验)往往会夸大结果的精确度。因此，利用样本的偶然性特征是有风险的。关于这个问题的解决方法，我将在第10章对交叉效度的讨论中提及。

最后，即便是在没有严重的共线性问题时，变量选择也可用于统计建模。删除估计系数很小的回归因子往往是没有问题的，这也将建立一个更简约的模型。事实上，在一个大样本中，删除很小的但是具有“统计显著”的系数也是合理的。

另一种处理共线性数据的方法是有偏估计。这种方法的思路是用一小部分系数估计值的偏差换取系数样本方差的大幅降低。得到对β的估计结果与最小二乘估计相比，拥有较小的均方误（对比关于估计回归子集的讨论）。最常见的有偏估计模型称为“岭回归”（在附录2中有简短的介绍）。

与变量选择一样，有偏估计对于共线性问题来说也不是神奇的万灵药。例如，岭回归涉及选择一个任意的岭常数以控制岭估计与最小二乘估计之间差异的程度：岭常数越大，偏差越大，而岭估计的方差也越小。不幸但也可以理解的是，为了选择一个最优的岭常数（哪怕只是一个好的岭常数），往往也需要一些我们试图估计的、未知的β的信息。我在此提及有偏估计的意图正在于对其通常的使用提出告诫。

处理共线性数据的最后一个办法就是引入额外的预知信息，帮助降低由共线性带来的模糊状况。有几种不同的方法可以将预知信息用于回归中，但我们应该用一个简单的案例来解释这一方法。更复杂的方法将不在此处进行讨论，这些方法有时难以应用到实践中（参见 Belsley, Kuh and Welsch, 1980:193—204; Theil, 1971:346—352)。

假设我们想估计以下模型：

$$y = \beta_0 + \beta_1 x_1 + \beta_2 x_2 + \beta_3 x_3 + \varepsilon$$

其中，y是储蓄，x_1是工资收入，x_2是个人股票收入，x_3是利息收入。假设我们很难估计 β_2 与 β_3，因为 x_2 与 x_3 高度相关。进一步假设我们有理由相信 $\beta_2=\beta_3$，并用常量 β_* 表示。如果 x_2 与 x_3 不高度相关，我们可以直接对 $\beta_2=\beta_3$ 这一点进行假设检验。在这种情况下，我们拟合模型为：

$$y=\beta_0+\beta_1x_1+\beta_*(x_2+x_3)+\varepsilon$$

将我们已知的 $\beta_2=\beta_3$ 整合到模型中去，由此便解决了共线性的问题（同时也使得检验 $\beta_2=\beta_3$ 这一已知信息成为可能）。

尽管几种解决共线性的方法是分开讨论的，但它们仍有许多共同之处：第一，模型的重新确认涉及变量的选择，而变量的选择也有效地重新确认了模型。第二，变量选择潜在地使回归因子不能被全部删除。第三，如果被删除的变量是不为 0 的 β 值，且与包含在模型中的变量相关，变量选择就会导致有偏的系数估计值。第四，某些类型的预知信息将导致一个重新确认的模型（正如在假设的例子所示）。第五，可以证明，类似于岭回归的有偏估计方法潜在地对 β 的值进行了预先约束。

从这些比较中，我们首先可以得到的经验是，机械的模型选择让与修改程序这一做法将掩饰建模决定的很多推论。因此，这些方法通常不能弥补数据的缺点，也不能作为判断和思考的替代物。

第4章

奇异值与强影响数据

不寻常的数据在最小二乘回归中往往是有问题的，因为他们将严重影响分析结果，并且它们的存在往往表明现有的回归模型不能很好地捕捉到数据的重要特点。一些重要的区别在描述简单回归模型 $y=\beta_0+\beta_1 x+\varepsilon$ 的图 4.1 中可以看到。

在简单回归中，一个奇异值是指因变量的值在给定自变量的值时，得到不寻常的观测值。相比，一个单变量的奇异值是 y 或 x 在无条件的情况下，得到不寻常的值，而这样的值不一定是回归中的奇异值。回归中的奇异值在图 4.1 的(a)与(b)中均出现。在图 4.1(a)中，奇异的观测量在 x 的分布中处于中央，因此若删除这个奇异值，对于最小二乘回归的斜率 b_1 与截距 b_0 几乎没有影响。在图 4.1(b)中，奇异值在 x 值上有不寻常的值，因此若将其删除，将显著影响斜率与截距。因为有不寻常的 x 值，所以在图 4.1(b)中，最后一个观察值对回归系数有强烈的影响，但是图 4.1(a)中的中间观测值则为一个弱影响点。

高影响点组成的奇异值对回归系数有极大的影响。在图 4.1(c)中，最后一个观测值对回归系数没有影响，哪怕它是一个高影响点，原因在于这个观测值并没有离开剩余的数

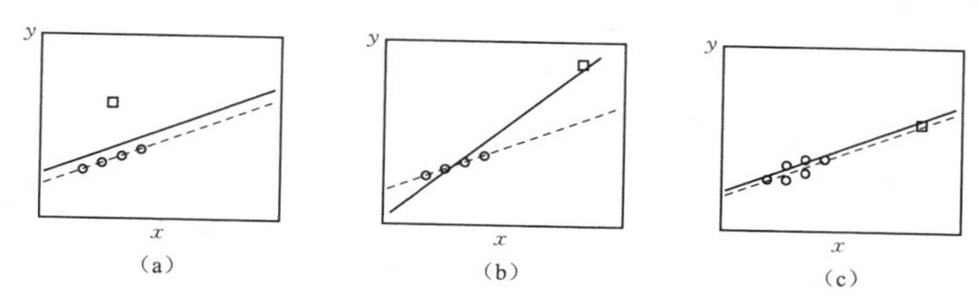

注：(a)一个接近 x 均值的奇异值对回归系数没有很大的影响。(b)一个与 x 均值相距较远的奇异值对回归系数产生了较大影响。(c)一个与其他数据在一条直线上的高影响力观测值并不影响回归系数。

图 4.1　简单回归分析中的影响力与影响程度

据组成的直线。下面这个公式将帮助区分这些概念：

$$对系数的影响 = 影响力 \times 差异程度$$

图 4.2 是来自戴维斯(Davis，1990)真实数据的一个简单而明显的例子。这些数据记录、测量并报告了 183 位参与

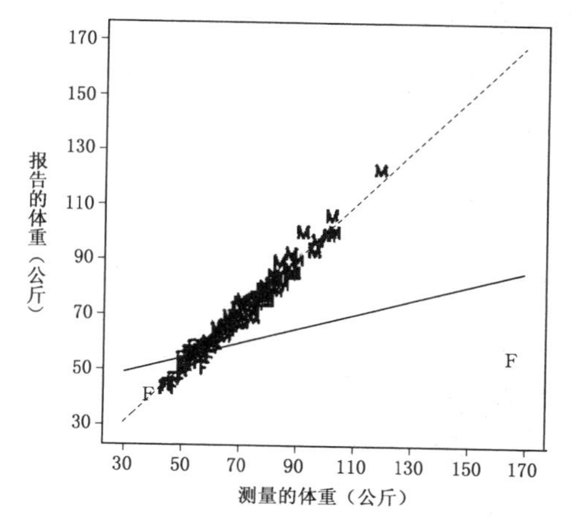

注：分析中的 183 个对象都参加日常运动。实线显示的是对女性的最小二乘回归，折线显示的是男性的回归。

资料来源：Davis，1990。

图 4.2　对以公斤计的汇报体重根据测量体重和性别进行的回归

这一日常生理测试项目的男性与女性的体重（公斤）。作为一项大型研究的一部分，研究者对于判断研究对象是否准确报告他们的体重值以及男性和女性在报告体重方面是否有差异十分感兴趣（这项公开研究仅基于女性研究对象以及后来加入的、从不运动的女性的数据）。戴维斯（Davis，1990）提供了测量的与报告的体重值之间的相关系数。

根据申报体重（RW）和测量体重（MW）进行最小二乘回归，用一个虚拟变量表示性别（F：1 为女性，0 为男性），并用一个交互回归因子可以得到下面的结果（包括括号中系数的标准误）：

$$\widehat{RW} = 1.36 + 0.990MW + 40.0F - 0.725MW \times F$$
$$(3.28) \quad (0.043) \quad (3.9) \quad (0.056)$$
$$R^2 = 0.89 \quad s = 4.66$$

如果这些结果是严谨地计算出来的，我们则可以总结男性较之女性，更准确地汇报了他们的体重（因为 $b_0 \approx 0$ 且 $b_1 \approx 1$）。另外，体重较轻的女性倾向于报高体重，体重较重的女性倾向于报低体重。但是，图 4.2 显示，男性和女性的不同测试结果实则因一个报告自己的体重为平均值，但测量体重极大的女性研究对象造成的。

事实上，这个研究对象的测量体重和其身高（厘米）在数据输入的时候被搞混了，戴维斯在计算出类似的报告与测量体重间的较低的相关系数后发现了这一点。修正数据后，得到如下回归结果：

$$\widehat{RW} = 1.36 + 0.990MW + 1.98F - 0.0567MW \times F$$
$$(1.58) \quad (0.021) \quad (2.45) \quad (0.0385)$$
$$R^2 = 0.97 \quad s = 2.24$$

结果显示，男性与女性均较准确地报告了他们的体重。

还有另外一种方法可以分析戴维斯的体重数据：某一研究者的兴趣在于确定研究对象是否足够准确地报告了他们的体重，以便利用报告的体重作为测量体重的替代数据。因为这种做法会使收集体重数据的支持大大降低，我们自然会认为报告体重受到“真实”体重的影响，正如上面的回归中将报告体重作为因变量。然而替代的问题则基于对测量体重根据报告体重进行回归，下面的回归结果是基于未修正的数据：

$$\widehat{MW} = 1.79 + 0.969W + 2.07F - 0.00953MW \times F$$
$$(5.92) \quad (0.076) \quad (9.30) \quad (0.147)$$
$$R^2 = 0.70 \quad s = 8.45$$

请注意，在此方程中，奇异值对回归系数没有什么影响，原因在于这个奇异值的报告体重值接近女性报告体重值的均值。然而，它对于复相关系数和标准误仍有显著的影响。对于修正后的数据，$R^2 = 0.97$，$s = 2.25$。

第1节 | 测量影响力：预测值

预测值 h_i 是对回归影响较大的一个常见的测量。如此命名这些值的原因是可以通过观测值 y_i 来表达拟合值 $\hat{y}_j$：

$$\hat{y}_j = h_{1j}y_1 + h_{2j}y_2 + \cdots + h_{jj}y_j + \cdots + h_{nj}y_n = \sum_{i=1}^{n} h_{ij}y_i$$

因此，权重 h_{ij} 显示了 y_i 对 $\hat{y}_j$ 的影响程度：如果 $\hat{y}_j$ 很大，则第 i 个观测值对于第 j 个拟合值有较大的影响力。方程也可以写做 $h_{ii} = \sum_{j=1}^{n} h_{ij}^2$，则奇异值 $h_i = h_{ii}$ 表示了 y_i 对所有拟合值的潜在影响。预测值的取值在 $1/n$ 与 1 之间（即 $1/n \leqslant h_i \leqslant 1$），其平均值为 $\bar{h} = (k+1)/n$。

在简单一元回归分析中，预测值测量了距离 x 均值的距离：

$$h_i = \frac{1}{n} + \frac{(x_i - \bar{x})^2}{\sum_{j=1}^{n}(x_j - \bar{x})^2}$$

在多元回归中，h_i 测量了距离 x 圆心的距离，在考虑到 x 的相关结构后，可以由图 4.3 来表示 $k = 2$ 时的情况。在 x 空间中多变量的奇异值为强影响的观测值。

在戴维斯根据测量体重对报告体重进行的回归中，最大的预测值是第 12 个观测对象，其测量体重被错误地记录为

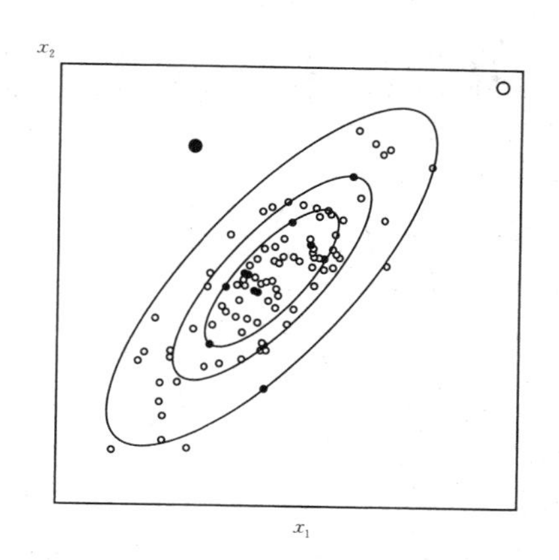

注:有两个高影响力的点:一个(用较大的空心点标示)在 x_1 与 x_2 上都有异常大的值;另一个(用较大的实心点标示)只是 x_1 与 x_2 的组成较为异常。

图 4.3　自变量为 $k=2$ 的恒定影响力(恒定的 h_i)的等高线

166 公斤,即 $h_{12}=0.714$。这个数字远远大于平均的奇异值 $0.0219(\bar{h}=(3+1)/183=0.0219)$。

第 2 节 | 查找奇异值：学生残差

为了确认一个奇异的观测值，我们需要一个指标测量 y 在给定 x 下不寻常的程度。一般来说，差异性的观测值都有较大的残差，但是即便误差 ε_i 有相同的方差（正如回归模型中假设的），残差也并不相同，$V(e_i)=\sigma^2(1-h_i)$。因此，强影响的观测值往往有较小的残差，这是可以理解的，因为这个观测值可以强迫回归平面向它们靠近。

尽管我们可以通过计算 $e_i'=e_i/s\sqrt{1-h_i}$ 得出标准化残差的值，但这个方程的缺陷在于分子与分母并非独立的，使得 e_i' 无法服从 t 分布。当 $|e_i|$ 很大时，由于包含了 e_i^2，$s=\sqrt{\sum e_i^2/(n-k-1)}$ 也同样很大。然而假设删除了第 i 个观测之后重新拟合回归模型，基于剩下的数据得到了一个 σ 估计量 $s_{(-i)}$，此时的学生残差为：

$$t_i=\frac{e_i}{s_{(-i)}\sqrt{1-h_i}} \qquad [4.1]$$

该方程有独立的分子与分母，且服从自由度为 $n-k-2$ 的 t 分布。

另一种用于寻找学生残差的步骤使用了均值漂移的模型：

$$y_j = \beta_0 + \beta_1 x_{1j} + \cdots + \beta_k x_{kj} + \gamma d_j + \varepsilon_j \qquad [4.2]$$

其中 d 是一个虚拟变量集，1 为第 i 个观测值，0 为其他所有观测值。因此有：

$$E(y_j) = \beta_0 + \beta_1 x_{1j} + \cdots + \beta_k x_{kj} (j \neq 1)$$
$$E(y_j) = \beta_0 + \beta_1 x_{1i} + \cdots + \beta_k x_{ki} + \gamma$$

如果在检验数据之前，我们就已经怀疑观测 i 与其他的不同，那么自然需要确立方程 4.2。然后为了检验 $H_0: \gamma = 0$，我们可以得到 $t_i = \hat{\gamma}/\mathrm{SE}(\hat{\gamma})$，在 H_0 假设下，其分布为 t_{n-k-2}。通过观察则可以发现，它即方程 4.1 中的学生残差。

这与统计中其他方面一样，术语并非完全准确：t_i 有时候也称为“删除学生残差”“外部学生残差”或者“标准化残差”。最后一个称谓也常应用于e_i'。因此，精准地确认电脑程序究竟计算的是哪一个量是非常重要的，但在大样本中，往往有 $t_i \approx e_i' \approx e_i/s$。

因为在大多数的应用中，我们都不会提前怀疑某个观测值，因此我们可以重新拟合均值漂移模型 n 次，且每次针对一个观测值，得到 $t_1, t_2, \cdots, t_n$。在实践中，方程 4.1 与方程 4.2 的其他替代方程对于 t_i 几乎没有计算的效用。因而我们的兴趣往往转向了最大的绝对值 t_i，称为 t^*。因为我们已经获得了 n 个检验中最大的统计量，所以仅仅去发现 t^* 的统计显著性就不正确了。例如，即便我们的模型是足够的，且暂时不考虑 t_i 之间的相关性，我们仍可以预计观测到 5%的 t_i 在 $t_{0.025} \approx \pm 2$ 之外，1%的 t_i 在 $t_{0.005} \approx \pm 2.6$ 之外，等等。

解决同时推论这一问题的办法之一是对最大的 t 值进行 Bonferroni 转换来转化 t_{n-k-2}（另一种方法是考虑到学生残差

的数量，构造一个分位数比较的散点图，这将在第 5 章中介绍）。Bonferroni 检验需要一个特殊的 t 表格或一个对处于分布尾处的 t 可以获得准确的 p 值的计算机程序。在后一种情况下，假设 $p' = \Pr(t_{n-k-2} > |t^*|)$，则检验 t^* 统计显著性的 p 值为 $p = 2np'$。其中，2 表示这个检验是双尾的，即我们既想要找到大的负奇异值，也想找到大的正奇异值。方程中的 n 表示同时进行了 n 个检验，暗示要在 n 个检验统计量中选择最大的。贝克曼和库克(Beckman and Cook，1983)证明了 Bonferroni 转换非常适用于检验最大的学生残差。需要注意的是，要想获得统计的显著结果，则与普通的个别 t 检验相比，需要获得一个更大的 t^*。

在戴维斯根据测量体重对报告体重进行的回归中，最大的学生残差是第 12 个观测值：$t_{12} = -24.3$。在这里，$n-k-2 = 183-3-2 = 178$，且 $\Pr(t_{178} > 24.3) \ll 10^{-8}$（符号≪表示“远远小于”）。我用于寻找尾处概率值的计算机程序无法计算出一个这样大的 t 的更精确的结果。对于这个奇异值的检验，Bonferroni p 值为 $p \ll 178 \times 2 \times 10^{-8} = 4 \times 10^{-6}$（即 0.000004)，是一个非常确定的结果。

到目前为止，我已经将确认（以及暗含的潜在修改、去除或调试）奇异值作为一个假设检验。尽管这是目前实际应用中最普遍的一种方式，但还有一个考虑拒绝可能的奇异观测值时，对估计进行投入产出分析的更合理的方法。

假设此时拥有最大 t_i 值的观测是一个不寻常的数据点，但却是通过假设的统计模型计算出的，即 $y_i = \beta_0 + \beta_1 x_{1i} + \cdots + \beta_k x_{ki} + \varepsilon_i$，其中 $\varepsilon_i \sim \text{NID}(0, \sigma^2)$。删除这样一个数据点将会降低估计的有效性，因为模型是正确的（包括正态分布这一假设),所以最小二乘估计量对β的所有无偏估计是最有效的。但是如果这个有问题的数据点与其他的不一致(如均值漂移中所示的),则将其删除会使这个估计更加有效。安斯库姆(Anscombe, 1960)通过做一个保险的类比表明了这一观点:为了获得没有“坏”数据的保障,我们选择了一个拒绝奇异值的规则(或者使用了一个可以抵抗奇异值的估计量,即稳健估计量),而当这一规则拒绝了“好”数据时,其保险费则由有效性来赔付。

用 P 来代表理想中的保险费,即如果这个模型适用于所有数据,则会导致估计量的均方误上升5%。用 z 表示相应尾部概率 $P(n-k-1)/n$ 的单位正态变异。根据安斯库姆和杜凯(Anscombe and Tukey, 1963)的步骤,计算 $m=1.4+0.85z$,则可以获得:

$$f = m\left[1-\frac{m^2-2}{4(n-k-1)}\right]\times\sqrt{\frac{n-k-1}{n}} \qquad [4.3]$$

$$t' = \frac{f\sqrt{n-k-2}}{\sqrt{n-k-1-f^2}} \qquad [4.4]$$

最后,如果 $|t^*|>t'$,则不具有最大学生残差的观测值。在实际应用中,我们应该探究这些不一致的观测值(将在本章最后讨论)。

例如,在戴维斯起初的 $n=183$, $k=3$ 的回归中,P 值为0.05,则我们得到:

$$P(n-k-1)/n = 0.05(183-3-1)/183 = 0.0489$$

从单位正态表中可以查出,$z=1.66$,则 $m=1.4+0.85\times 1.66=2.81$。因为 $t^*=24.3$,远远大于 t',则第12个观测值被确认为奇异值。

第 3 节 | 测量影响程度:Cook 距离与其他诊断方法

正如在前面提到的,对回归系数的影响包括影响力和差异程度两部分。最直接的测量影响程度的方法就是逐步删除各个观测值,观察对于系数的影响:

$$d_{ij} = b_j - b_{j(-i)} (i = 1, \cdots, n; j = 0, \cdots, k)$$

其中,$b_{j(-i)}$ 表示当第 i 个观测值被删除时,对 β_j 进行最小二乘估计得到的结果。为了便于理解,有必要对 d_{ij} 根据系数标准误的估计值进行度量。

$$d_{ij}^* = \frac{d_{ij}}{\mathrm{SE}_{(-i)}(b_j)}$$

沿用贝尔斯利等人(Belsley et al., 1980)的命名,d_{ij} 往往称为 DFBETA_{ij}, d_{ij}^* 则称为 $\mathrm{DFBETAS}_{ij}$。

使用 d_{ij} 与 d_{ij}^* 的一大问题在于其数量太多,每个都有 $n(k+1)$ 个。当然,运用图形来检验这些值比使用数字的表格省事得多。例如,我们可以对 d_{ij}^* 的每一个系数 $j = 0, 1, \cdots, k$ 构建一个“索引三点图”,只要简单地根据横轴表示 d_{ij}^*,纵轴表示每个观测的索引 i 绘制散点图即可。但是,对于这一拟合图上每个观测点的影响程度,则有必要根据其索引进行归纳。

库克(Cook, 1977)提出了通过计算“假设”$\beta_j = b_{j(-i)}$，$j=0, 1, \cdots, k$ 的 F 统计量值，来测量 b_j 与相应的 $b_{j(-i)}$ 之间的“距离”。这个统计量通过对每一个观测 $i=1, \cdots, n$ 进行重新计算获得。获得的值不能直接被当做 F 检验，因为库克的方法只是与检验类似的一种类比，其目的在于获得能够测量独立于 x 度量之外的距离。Cook 统计量可以写为：

$$D_i = \frac{e_1^{'2}}{k+1} \times \frac{h_i}{1-h_i}$$

其中，第一个方程是测量差异程度，第二个是测量影响力(见附录 5)。我们寻找比其他值大的 D_i。

贝尔斯利等人提出了非常相似的测量：

$$\text{DFFITS}_i = t_i \sqrt{\frac{h_i}{1-h_i}}$$

注意，除了非常特殊的数据结果，$D_i \approx \text{DFFITS}_i^2/(k+1)$。另外，还有其他测量影响程度的方法(参见 Chatterjee and Hadi, 1998)。

因为所有删除统计量都基于预测值和残差，我们可以利用图示的方法获得大致的影响程度的测量，即根据 t_i 绘制 h_i 的散点图，并寻找两者较大的观测值。这一散点图更加合适的版本是展示与库克的 D 成比例的圆圈图形以替代散点(参见 Chatterjee and Hadi, 1988:38)。接下来，我们对拥有最大的 $D_{i'}$、$|\text{DFFITS}_i|$ 或者由大的 h_i 与 $|t_i|$ 构成的组合进行观测，检验其 d_{ij} 或 d_{ij}^* 。

在戴维斯根据测量体重对报告体重的回归中，所有有影响力的点的指标数对有显著差异的第 12 个观测如下：

$$库克的\ D_{12}=85.9（第二大的为\ D_{21}=0.065）$$

$$\mathrm{DFFITS}_{12}=-38.4（第二大的为\ \mathrm{DFFITS}_{50}=0.512）$$

$$\mathrm{DFBETAS}_{0,12}=\mathrm{DFBETAS}_{1,12}=0，\mathrm{DFBETAS}_{2,12}=20.0，$$

$$\mathrm{DFBETAS}_{3,12}=-24.8$$

需要注意的是，第 12 个观测值是以女性观测为对象的，对男性样本的截距 b_0 和斜率 b_1 没有影响。

在发展对回归的影响程度这个概念的过程中，我聚焦于对回归系数的改变。但是其他的回归结果也同样应该被检验。其中一个重要结果就是系数的方差和协方差，代表估计的精度。例如，在图 4.1(c)中，其中一个高影响力的点并没有对回归系数产生影响，因为它与其他数据处于一条直线上。在简单一元回归中，估计的最小二乘斜率标准误为 $\mathrm{SE}(b_1)=s/\sqrt{\sum(x_i-\bar{x})^2}$，因此通过增加 x 的方差，高影响力观测点会使得 $\mathrm{SE}(b_1)$降低，即使它并不影响 b_0 与 b_1。根据不同情况，这一类观测值可以被认为是有益的（提高了估计的精度），也能够使我们对估计的 b_1 更有信心。

在多元回归中，我们可以检验逐个删除观测值对 β 的联合置信区域大小的影响。回顾第 2 章可以发现，这一区域的大小与单一系数置信区间的长度相似，因此也与系数的标准误成比例。因此，置信区间长度的平方与系数的样本方法也成比例，同样，联合置信区域大小的平方与“广义”的一系列系数的方差成比例。一项由贝尔斯利等人提出的测量影响程度的方法与删除的、全部数据的置信区域比例高度近似：

$$\text{COVRATIO}_i = \frac{1}{(1-h_i)\left(\frac{n-k-2+t_i^2}{n-k-1}\right)^{k+1}}$$

可替代的相似方法由其他几位学者提出(Chatterjee and Hadi, 1988)。在此我们需要寻找 COVRATIO_i 与 1 相差较大的值。

正如对回归系数影响程度的测量,预测值与学生残差也被包括在 COVRATIO 之内。较大的预测值将导致较大的 COVRATIO,但是,即便(事实上,也正是当)t 值很小,一个高影响力且与其他数据在一条线上的观测也会提高估计精度。相比之下,一个差异程度较大但影响力较低的观测将不会使系数有什么改变,因为它通过增大估计的误差方差而降低了回归精度。因此,具有较小的 h 值与较大 t 值的观测将产生一个远远小于 1 的 COVRATIO。

例如,在戴维斯最初的回归中,最极端的值为 $\text{COVRATIO}_{12} = 0.0103$。在这个例子中,一个非常大的 $h_{12} = 0.714$ 远非一个很大的 $t_{12} = -24.3$ 可以弥补。

回归分析的其他特征也可能被个别的观测所影响,包括共线性的程度。尽管对共线性影响程度的正规分析远不止在此所讨论的(参见 Chatterjee and Hadi, 1988),但以下的各条建议仍然非常有用。

第一,对共线性的影响是反映在对系数标准误影响中的一个因素。对误差方差的影响和对 x 变异程度的影响,都可以作为 COVRATIO 这类测量的因素。同样,COVRATIO 和其他类似的测量也可以检查抽样方差和所有回归系数的协方差,包括常数项。然而,我们对共线性问题关注的原因在于,它会影响估计的精度,而 COVRATIO 正可以评估全面的估计精度。

第二,共线性—强影响点是那些诱因或可以使 x 之间相关变弱的点。这些点往往(但并非总是)有较大的预测值。反之,有较大预测值的点也往往会影响共线性。

第三,单个诱导共线性的点显然存在问题。但那些明显减弱共线性的点同样值得注意,因为它们有时使我们对得出的结论过于自信。

最后,通过对一个自变量根据另一个自变量绘制散点图,往往可以得到共线性—强影响的观测。但是如果共线性问题涉及的自变量超过两个,这种方式就会失效。

第4节 | 诊断统计量中的数值截断点

在利用测量影响力和影响程度判断值得注意的观测点时，我刻意没有建议某些数值的标准。我认为，检验这些未知量的分布以确定这些奇异观测值的位置更加有效。对于学生方差来说，假设检验与保险的观点将得出各种各样的截断点，但是这些我们熟知的标准并不能取代图示检验残差的方法。

然而尽管截断点并不十分重要，但它仍有一定的用处，它可以帮助强化图形的展示。例如，可以在一个索引散点图上画出一条水平线，吸引对超过截断点的值的注意力。同样，这样的值在图中也可以单独被确认(如 Chatterjee and Hadi，1988:38)。

一个诊断统计量的截断点可能是统计理论的产物，或者是通过检验这个统计量的样本分布得出的。截断点可以是绝对的，也可根据样本规模进行调整(Belsey et al.，1980)。对于一些诊断统计量，例如对影响程度的测量，绝对的截断点无法在大样本情况下确认需要注意的观测。这一特征部分反映出大样本可以弥补异常数据而无需大幅度地改动结果，但是截断点往往还是可以辨别影响力相对较大的点，哪怕并不存在具有强烈绝对影响的观测。

接下来对截断点的简单叙述是基于对统计理论的应用得出的。另一个非常简单但广泛使用的基于数据的标准，是检验对一个诊断测量来说最极端的5%的值。

预测值：贝尔斯利等人(Belsley et al.，1980)建议，那些超过$(k+1)/n$均值两倍以上的点就需要注意。这种基于样本规模进行调整的截断点，是当x呈多元正态分布且k与$n-k-1$都相对较大时，通过近似确认最极端的5%案例而获得的。但是，这种方法只是一种粗略的方针(关于其他预测值截断点的讨论，参见Chatterjee and Hadi，1988)。

学生方差：除了考虑上述讨论的“统计显著性”和估计量稳健性与有效性，关注相对较大的残差值也很有帮助。回顾以前的内容我们知道，在理想状况下，学生残差的5%是在$|t_i|\leqslant 2$范围之外的。因此，在学生残差的图示上画出± 2这两条线并在这个区间外进行观测是有意义的。

测量影响程度：对于不同的影响程度的测量方法，有多种建议的截断点。

首先是回归系数的标准化变化。将d_{ij}^*根据标准误进行量化后，$|d_{ij}^*|>1$或2的就是绝对的截断点。然而，正如上面所解释的，这个标准在大样本数据中无法确认异常观测值。贝尔斯利等人推荐将这种基于样本规模调整的截断点$2/\sqrt{n}$作为需要关注的d_{ij}^*。

其次是库克的D与DFFITS。对于库克的D与DFFITS，有许多值得推荐的数值截断点，例如考察D与F统计量之间的类同处。查特吉和哈迪(Chatterjee and Hadi，1988)建议比较$|\mathrm{DFFITS}_i|$与基于样本规模的截断点$2\sqrt{(k+1)/(n-k-1)}$(参见Cook，1977；Belsley et al.，1980；Velleman and

Welsch, 1981)。此外，由于DFFITS与库克的D之间的近似关系，所以这两种测量的截断点的相互转化是很容易的。以查特吉和哈迪的标准为例，我们可得转换后的截断点为$D_i > 4/(n-k-1)$。绝对的截断点，例如$D_i > 1$，则可能漏掉强影响数据。

第三是COVRATIO。贝尔斯利等人建议当$|\text{COVRATIO}_i - 1|$超过基于样本规模调整的截断点$3(k+1)/n$时，就需要注意COVTATIO_i。

第 5 节 | 联合的强影响观测子集：偏回归图

正如图 4.4 所示，观测子集可以联合造成影响或者改变其他子集的影响。强影响的子集或者多元奇异值往往可以通过逐一进行观测诊断而确认。但重要的是如何在删除这样的影响点之后重新拟合模型，因为单个强影响值的存在可能强烈影响对其他点的拟合。因此，逐步进行检测的方法并不能保证永远成功。

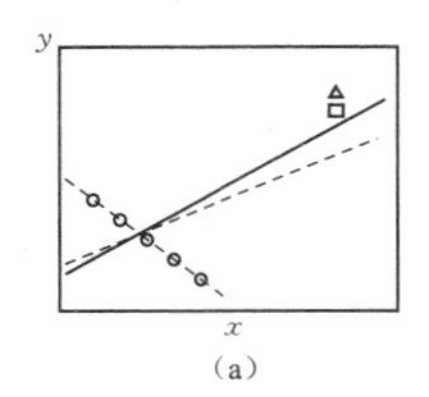

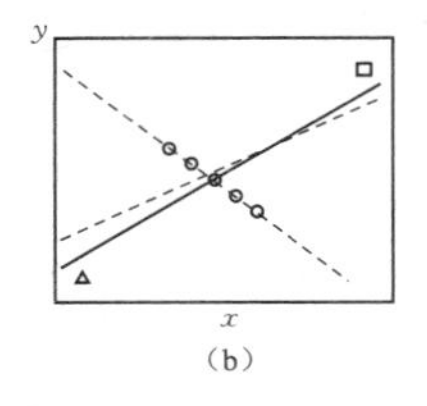

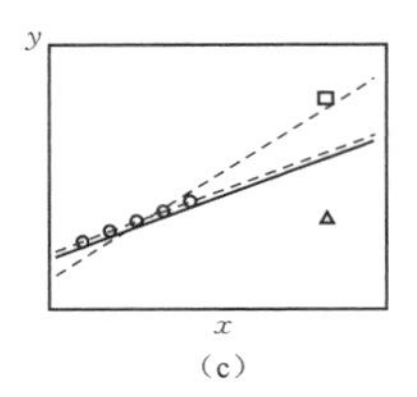

注：在每个例子中，实线是对所有数据的回归，较细的虚线是将三角点删除后的回归，较粗的虚线是方形点与三角点都删除后的回归。(a)联合强影响观测彼此之间很接近。(b)联合强影响观测分布在数据的两侧。(c)观测彼此之间抵消了：在两个观测点都删除后的回归与根据整个数据进行的回归是相同的。

图 4.4 联合的强影响数据

尽管可能存在普适的统计量用以删除包含多个点的子集，但是子集的数量过多(可能有 $n!\ /[p!\ (n-p)!]$ 个规模为 p)往往使得这种方法不切实际(但可以参见 Chatterjee and Hadi, 1988; Belsley et al., 1980)。另一种替代的方法则是使用图示。

对判断影响程度尤其有用的图示为偏回归散点图,也叫做“偏回归影响力散点图”或者“添加变量散点图”。$y_i^{(1)}$ 表示通过对除了 x_1 外所有的 x 进行最小二乘回归而得到的残差,也就是来自这个模型的残差:

$$y_i = b_0^{(1)} + b_2^{(1)} x_{2i} + \cdots + b_k^{(1)} x_{ki} + y_i^{(1)}$$

同样,$x_i^{(1)}$ 是对其他 x 进行最小二乘回归得出的残差:

$$x_{1i} = c_0^{(1)} + c_2^{(1)} x_{2i} + \cdots + c_k^{(1)} x_{ki} + x_i^{(1)}$$

这里的符号强调了对残差 $y^{(1)}$ 与 $x^{(1)}$ 的解释,它们是 y 与 x_1 在 x_2, …, x_k 的效果被移除之后剩下的部分。可以证明对 $y^{(1)}$ 与 $x^{(1)}$ 进行最小二乘回归获得的斜率与全模型多元回归通过最小二乘获得的斜率 b_1 是一样的,且从这个回归获得的残差与从全模型中获得的残差也是一样的,即 $y_i^{(1)} = b_{1x1}^{(1)} + e_i$。请注意,这里没有常数项,因为作为最小二乘的残差值,$y^{(1)}$ 与 $x^{(1)}$ 的均值为 0。

将 $y^{(1)}$ 根据 $x^{(1)}$ 作图,使我们可以检测它们对 b_1 的影响力和影响程度。对其他回归系数(包括 b_0),类似的偏回归图可以被构建为:

将 $y^{(j)}$ 根据 $x^{(j)}$ 绘制散点图(其中 $j = 0, 1, \cdots, k$)

对于 b_0,我们对“常数回归因子”$x_0 = 1$ 与 y 根据 x_1 至 x_k 进行回归,在这个回归方程中没有常数项。

图 4.5 是一个解释性的偏回归图。这个例子中的数据来自邓肯的研究(Duncan, 1961),他对 1950 年时的 45 种职业的

评价声望值(P,通过评价该职业为“好的”或者“很好”的百分比进行评估)根据收入和教育水平进行回归(I:男性收入至少为3500美元的百分比;E:男性为高中毕业生的百分比)。这个回归的主要目标是获得对那些没有直接进行声望评分,但是有教育程度与收入水平数据的职业的拟合分数。拟合方程为(括号中为标准误):

$$\hat{P} = -6.06 + 0.599I + 0.546E$$
$$(4.27) \quad (0.120) \quad (0.098)$$
$$R^2 = 0.83 \quad s = 13.4$$

收入的偏回归图,即图 4.5(a),显示出三个明显会减小回归斜率的强影响观测:(6)部长,他们的工资就其教育程度而言,显得很低;(16)铁路售票员;(27)铁路工程师,他们的收入就其教育程度而言,明显较高。偏回归图中横轴的变量是根据教育对收入进行回归获得的残差,因此,在此方向上偏离 0 的值就是在给定教育水平的情况下收入不正常的观测。

教育的偏回归图,即图 4.5(b),显示出同样的三个对教育系数有相对较高影响力的观测:观测 6 与观测 16 趋于增大 b_2,观测 27 则与其他的数据相隔太远。

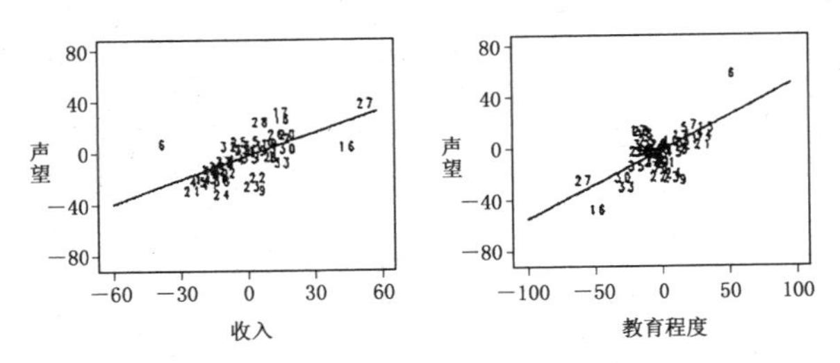

注:1950 年 45 个美国职业。每个点的观测号码都在图中显示。如果这个图可以放大,例如在电脑屏幕上,则职业的名称可以显示在数字的旁边。对常数项的偏回归散点图并没有显示于此。

图 4.5 在对声望根据收入和教育的回归中收入和教育的偏回归散点图

通过检验单一观测值删除的诊断可以发现，观测6具有最大的库克的D($D_6=0.566$)与学生残差($t_6=3.14$)。这个学生残差并不非常大，但是，对这个奇异值检验的Bonferroni p值为$\Pr(t_{41}>3.14)\times 2\times 45=0.14$。图4.6是学生残差预测值的散点图，其中圆圈的大小与库克的D的值是成比例的。对$|t_i|>2$或$h_i>2(k+1)/n=2(2+1)/45=0.13$观测的指标也显示在图中。

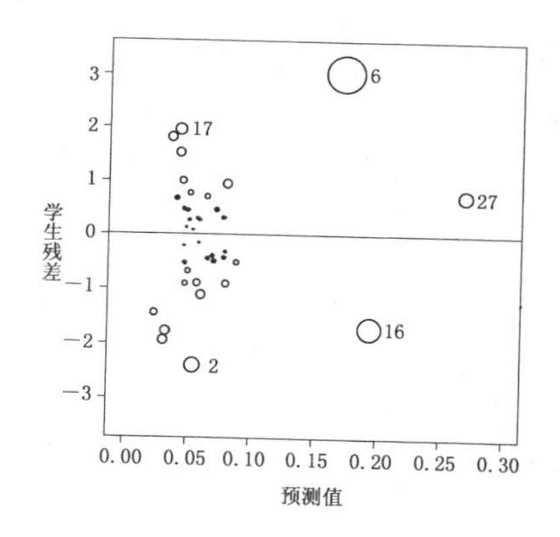

注：每个点都围成一个圆形，其面积与库克的D是成比例的。当$h_i>2h=0.13$或$|t_i|>2$时，显示出观测的号码。

图4.6 对职业声望根据教育和收入的回归中将学生残差根据预测值绘制的散点图

删除了观测6与观测16后可获得拟合回归：

$$\hat{P}=-6.41+0.867I+0.332E$$
$$(3.65)\quad(0.122)\quad(0.099)$$
$$R^2=0.88\quad s=11.4$$

正如在偏回归图中看到的那样，与原来的回归相比，上述方程具有较大的收入斜率和较小的教育斜率。估计的标准误已趋最优,因为相对的奇异值已经被删除了。删除了观测27,进一步增大了收入的斜率和减小了教育的斜率,但是变化很微小:$b_I = 0.931$,$b_E = 0.285$。

第 6 节 非同寻常的数据应该被抛弃吗?

本部分针对将奇异和强影响数据简单抛弃的情况开展讨论。尽管有问题的数据不应该被忽略,但它们也不该被自动和不经考虑地删除。

首先,考虑研究数据为什么非同寻常是非常重要的。真正的坏数据往往可以被修改,如果不能修改,就将之删除。但是,如果一个不一致的数据点是正确的,我们则应该试图去理解为什么这个观测是非同寻常的。例如在邓肯的回归中,部长的职业声望很高并不是因为其收入与职业的教育水平。与之类似,我认为相对于其教育水平和职业声望,铁路工人的高收入反映了铁路协会在 20 世纪 50 年代的势力。在这种情况下,我们可能选择对这些奇异的观测分别进行处理。

此外,奇异值或强影响数据可能促成模型的重新确认。例如,奇异数据的模式也许预示着应该引入额外的自变量。如果在邓肯的回归中,我们可以确认一个造成部长这一职业非同寻常的高职业声望的因素,且我们可以对其他职业进行这一因素的测量,则这个因素可被引入回归。在一些情况下,对因变量或某一自变量的转化可能使误差的分布对称或者消除共线性，也使奇异值向其余数据靠近。然而，我们必须谨慎以避免过度拟合数据，这会导致一小部分数据决定了整个模型的形式。我们将在第 9 章与第 10 章中重新讨论这一问题。

最后，除非在情况已经非常清楚时，否则我们应该谨慎地删除观测值或者重新确认模型以适应非同寻常的数据。一些研究者合理地采用其他的估计策略，例如稳健回归，它将奇异数据进行较低的权重而非简单地包括或者抛弃它们。这种方法被称为“稳健”的原因在于，即便误差不呈正态分布，它们也可以顺利进行(参见附录 7 中对 lowess 方法的讨论)。稳健估计的好处通过安斯库姆对保险的类比可以理解：稳健方法与最小二乘方法在误差是正态分布的情况下几乎是同样有效的，并且在奇异值存在的情况下更加有效。这种方法对高度不一致的数据赋予 0 或非常小的权重，但是结果往往与谨慎地应用最小二乘法没有差别，并且事实上，稳健回归的权重也可以用于发现奇异值。此外，大多数稳健回归方法对于高影响力的点非常敏感(参见 Rousseeuw and Leroy，1987)。

第5章

非正态分布误差

误差正态分布这一假设往往过于武断。然而，中心极限定律确保在大多数情况下(除了小样本外)，基于最小二乘估计的推论往往都是有效的。那么我们应该关注非正态分布的误差吗?

首先，尽管最小二乘估计的有效性是稳健的(正如所讲过的那样，在大样本的情况下，哪怕违背正态分布假定，检验与置信区间的水平也近乎正确)，但是这种方法在效率方面并不稳健:当误差为正态分布时，最小二乘估计量是无偏估计量中最有效的。然而对某些类型的误差分布，尤其在分布具有重尾的情况下，最小二乘估计的有效性将大大降低。在这种情况下，最小二乘估计量则不如其他的替代估计量有效(如稳健估计量或者被诊断加强的最小二乘法)。在很大程度上，重尾的误差分布是有问题的，因为它们往往导致奇异值，也就是我在前一章所讨论的问题。

常常被引用对最小二乘估计进行辩护的高斯-马尔科夫定理证明，对于观测 y_i 的线性函数，最小二乘系数是最有效的无偏估计量。这一结果基于线性、误差方差一致性以及独立性这些假设，但是并不要求正态分布(参见 Fox，1984：42—43)。尽管这些对线性估计量的限定将导致假定拥有简单的样本属性，但是并不能消除最小二乘法对重尾误差分布的敏感性。

其次，那些高度偏态分布的误差，它们除了容易在偏斜的方向导致奇异值的出现，也容易危及对最小二乘拟合的解释。总之，这种拟合是一种条件均值(在给定 x 下的 y)，而均值对于一个高度有偏的分布来说也并不是一个对其中心的良好测量。因此，我们倾向于转换数据以获得一个对称的误差分布。

最后，一个多峰的误差分布暗示我们可能忽略了一个或更多可以将数据自然分成各组的定类变量。由此，对于残差分布的检验则可能引发模型的重新确认。

尽管对非正态误差有检验的方法，在此我仍应该描述一些替代图形的方法来检验残差的分布(参见第9章)。这些方法对于认定一个问题的特征以及选择解决的方法更有帮助。

第1节 残差的正态分位数比较散点图

分位数比较散点图是其中一种图示法,它使我们可以从视觉上比较一个独立随机样本的累积分布(学生残差)与一个累积的参照分布(单位正态分布)。需要注意的是,这里暗示了一种近似,因为学生残差是 t 分布且非独立的,但是这种扭曲往往是可忽略的,至少在中等规模到大规模的样本中是如此。

想要构造分位数比较散点图须满足下列几点:

第一,使学生残差升序排列:$t_{(1)}$, $t_{(2)}$, …, $t_{(n)}$。按照惯例,第 i 个学生残差 $t_{(i)}$ 具有 $g_i = (i - 1/2)/n$ 比例的数据在其下方。这种惯例是计算每个观测值以下的一半和其以上一半的值,避免了 0 或 1 部分的累积。0 或 1 部分的累积比例将产生问题,因为我们想要用残差分布去进行比较的正态分布,将永远不会如此接近 0 或 1 的累计概率。

第二,寻找对应 g_i 累计概率的单位正态分布的分位数,也就是 $Z \sim N(0, 1)$ 中满足 $\Pr(Z < z_i) = g_i$ 的 z_i 值。

第三,将 $t_{(i)}$ 根据 z_i 绘制散点图。

如果 t_i 是从单位正态分布中获得的,那么在样本误差的界限内,$t_{(i)} = z_i$。因此,我们期望寻找一条拥有为 0 的截距和单位斜率的近似线性散点图,并且有一条直线可以在图中进行比较。相比之下,这个图像显示的非线性则正揭示了非正态的分布。

有时将拟合直线根据观测到的中心和残差的散布程度进行调整的做法十分有效。为了理解这种调整是如何达成的,一般假设一个变量 X 是正态分布的,并具有均值 μ 和方差 ζ^2。那么对于一个值已进行排序的样本,大约有 $x_{(i)} = \mu + \zeta z_i$,其中 z_i 与之前的定义一样。在应用过程中,我们需要估计 μ 和 ζ,最好利用稳健的方法,因为普通的估计量——样本均值与标准差——会极大地受到极端值的影响。一般来说,有效地选择是利用 x 的中位数去估计 μ,用 $(Q_3 - Q_1)/1.349$ 来估计 ζ,其中 Q_1 与 Q_3 分别是 x 的第一与第三分位数,而中位数和分位数并不受奇异值的影响。需注意的是,1.349 是分离正态分布分位数的标准方差数量。对于学生残差的应用,我们得到拟合直线 $\hat{t}_{(i)} = median(t) + \{[Q_3(t) - Q_1(t)/1.349]\} \times z_i$。本书中的正态分位数比较散点图采用的是最普遍的步骤。

图 5.1 显示了一些对仿真数据的解释性正态概率散点图。图 5.1(a)与图 5.1(b),其样本规模 $n = 25$ 与 $n = 100$ 的独立样本是分别从单位正态分布中得到的。图 5.1(c)与图 5.1(d),其样本规模 $n = 100$ 的样本是从高度正偏斜的 χ_4^2 分布和重尾的 t_2 分布中分别得出的。请注意图中偏斜与重尾是如何从正态分位数比较散点图中显示出对线性的偏离的。奇异值与相应的正态分位数相比是那些异常大或小的值,由此能很好地进行辨识。

对正态的偏离的判断可以通过用抽样方差的信息来绘

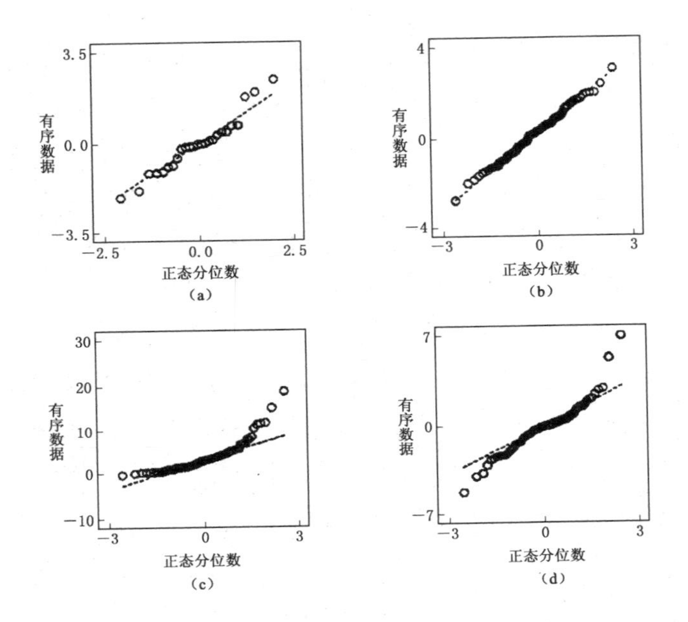

注：(a)来自 $N(0, 1)$，其样本规模为 $n=25$。(b)来自 $N(0, 1)$，其样本规模为 $n=100$。(c)来自正偏态的 χ_4^2，其样本规模为 $n=100$。(d)来自重尾的 t_2，其样本规模为 $n=100$。

图 5.1 解释性的正态分位数比较散点图

制散点图而获得。如果学生残差是从单位正态分布中独立得出的，那么：

$$\mathrm{SE}(t_{(i)}) = \frac{1}{\varphi(z_i)}\sqrt{\frac{g_i(1-g_i)}{n}}$$

其中，$\varphi(z_i)$是单位正态分布的概率密度（即"高度"）。因此，在分位数比较散点图中，计算 $z_i \pm 2 \times \mathrm{SE}(t_{(i)})$ 可得出在拟合直线 $\hat{t}_{(i)} = z_i$ 附近约 95%的置信区间。如果拟合直线的斜率取值为 $\hat{\zeta} = (Q_3 - Q_1)/1.349$ 而不是 1，估计的标准误则可能需要乘以 $\hat{\zeta}$。而 Atkinson(1985)提出了另一种计算标准误的方法，他建议使用一种不将学生残差视为独立和正态分布的计算性仿真过程。

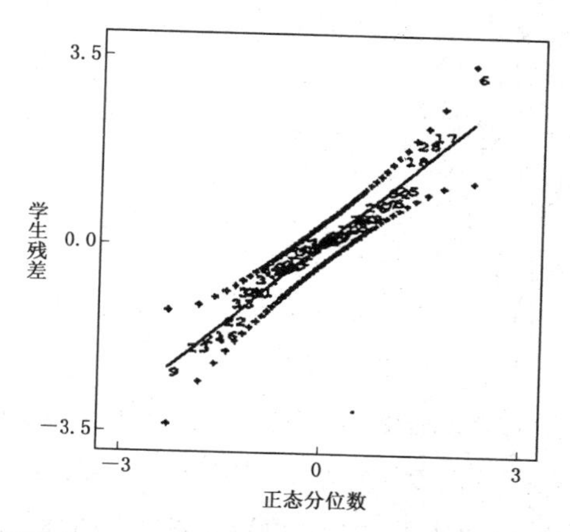

注：图中显示了一条基于 t 的中位数和分位点的拟合线，以及两条近似±2SE的逼近线。

图 5.2 由职业声望根据收入和教育回归获得的学生残差绘制的正态分位数比较散点图

图 5.2 显示的是根据邓肯用职业收入和教育对职业声望进行回归得到的学生残差的正态分位数比较图。图中包括了一条有两条标准误界限的拟合线。需要注意的是，残差的分布是十分合理的。

第 2 节 | 残差的直方图

正态分位数比较散点图的一个优点是在分布的尾部仍有很高的分辨率，这使问题很容易被发觉。但是这种方法的一个缺点在于，它不能呈现出整个残差分布的形状。例如，多元的情况在分位数比较散点图中就难以辨识。

相比之下，直方图（频数柱状图）在分布的尾部或者数据稀少的时候具有较低的分辨率，但是对于呈现一个分布的整体形状十分有效。然而，任意的分类界限、任意的区间以及直方图的不准确性，有时会产生对这一数据的错误印象。这些问题可以通过使直方图变得平滑而部分地解决（参见 Silverman, 1986; Fox, 1990）。一般来说，对于小样本（即 $n<100$），我倾向于选择茎叶图，它可以直接记录直方中数值数据值（Tukey, 1977）；对于中型规模的样本（即 $100 \leqslant n \leqslant 1000$），则使用平滑直方图；对于大样本（即 $n>1000$），则采用最优较窄直方的直方图。

图 5.3 是对邓肯回归中残差的茎叶图。这个图示并没有显示出什么需要注意的问题，因为只有一个单一的节点，分布合理对称。尽管最大值（3.1）与次大值（2.0）相距略远，但是并没有明显的奇异值。

茎叶图中的每一个数据值都可以被分为两部分：前面的

数位组成了茎，后面的数位则组成了叶。其后的数位则被删除了，并不进行四舍五入(截断使在表或列中寻找特定值变容易)。对于学生残差，在小数点上很容易进行这一截断。例如在图5.3中的残差：0.3039→0|3；3.1345→3|1；−0.4981→−0|4。需要注意的是，每个数位出现两次，形成宽度为0.5的箱柜。

茎	叶
−2*	3
−1.	977
−1*	41
−0.	99865
−0*	444433110
0*	000011133334
0.	5577788
1*	00
1.	68
2*	0
2.	
3*	1

图5.3 对职业声望根据收入和教育进行回归获得的学生残差绘制的茎叶图

有星号标示的茎(例如1*)对应0—4的叶；有点标示的茎(例如1.)对应5—9的叶(更多关于茎叶图的信息，参见Velleman and Hoaglin, 1981; Fox, 1990)。

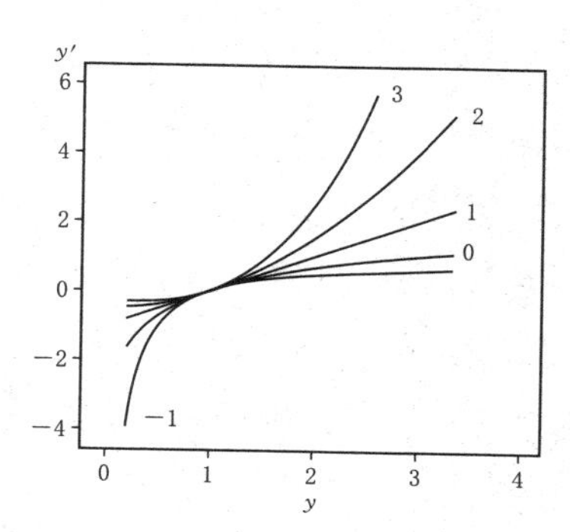

注：标示“p”的代表 $y' = (y^p - 1)/p$，对于 $p = 0$，$y' = \log_e y$。

资料来源：Hoaglin, Mosteller and Tukey (eds.), *Understanding Robust and Exploratory Data Analysis* © 1983, John Wiley and Sons Inc。

图5.4 一系列幂与根的转换

第3节 | 通过转换矫正不对称

一种针对回归中许多问题的常用有效方法是将数据进行转换，使它们更加符合线性模型的假设。在本章和其后的章节中，我将会介绍一些转化的方法，使误差呈对称分布、误差方差变得稳定，并使 x 与 y 之间变成线性关系。

在上述每种情况下，我们将使用幂与根的形式，将变量 y 进行替换（在这里暂时使用 y，其后我们将同样对 x 进行转换），$y' = y^p$。一般来说，$p = -2$、-1、$-1/2$、$1/2$、2 或者 3，但有时我们也使用其他的幂与根形式。需要注意的是，$p = 1$ 意味着没有进行转化。当幂为 0 时，$y^0 = 1$，这意味着 y 的值是不变的。当我们使用 $y' = \log y$ 这一形式时，通常使用 2 或 10 作为对数的底，因为对数不同底的转换只有一个常量因素的差别，我们可以选择便于解释的底。将对数转换的使用作为"零次幂"是合理的，因为 p 越接近 0，y^p 越接近对数形式（正规来说，$\lim_{p \to 0}[(y^p - 1)/p] = \log_e y$，其中 $e \approx 2.718$，为自然对数）。最后，对负的幂数来说，我们有 $y' = -y^p$，其值与同样级数的 y 值相反。

当我们愈加偏离 $p = 1$ 的任意方向，这种转化愈加强烈，正如在图 5.4 中所示。这些转换中的某些影响在表 5.1(a) 中可见。幂与根的转化"一点一点往上"时（这一词语来自

Tukey, 1977)，即接近 y^2，对于扩散 y 的较大值与 y 的较小值有不同的效果；转化“一点一点往下”时，即接近 $\log y$ 时，产生相反的效果。为了矫正一个正的偏态分布，如表 5.1(b)，需要向下转换；为了矫正应用中往往较少见的负的偏态分布，如表 5.1(c)，则需要向上转换。

表 5.1 通过幂转换矫正偏态

(a) 中间的数字显示了幂转换的效果

$-1/y$	$\log_{10}y$	←	y	→	y^2	y^3
−1	0		1		1	1
}1/2[a]	}0.30		}1		}3	}7
−1/2	0.30		2		4	8
}1/6	}0.18		}1		}5	}19
−1/3	0.48		3		9	27
}1/12	}0.12		}1		}7	}37
−1/4	0.60		4		16	64
}1/20	}0.10		}1		}9	}61
−1/5	0.70		5		25	125

(b) 向下进行幂转化以矫正正偏态，拉向右尾

y	→	$\log_{10}y$
1		0
}9		}1
10		1
}90		}1
100		2
}900		}1
1000		3

(c) 向上进行幂转化以矫正负偏态，拉向左尾

y	→	y^2
1.000		1
}0.414		}1
1.414		2
}0.318		}1
1.732		3
}0.268		}1
2.000		4

注：a. 行间的数字表示两个相邻数字间的差异。

我假设所有数据值都是正的——一项幂转化中必需的条件以保持阶数的存在。在实践中,通过加上一个很小的常量,负值便可以在进行转换之前被消除,这个小的常量往往被称为这一数据的“出发点”。同样,为了确保幂转换的效果,最大与最小数据值的比例必须足够的大,否则这种转换将与线性的非常接近。但如果比例较小,则可以用一个负的出发点来解决这个问题。

在回归分析中,通过检验残差分布而发现的有偏误差分布,可以通过对因变量的转换进行矫正。尽管有更复杂的方法(参见第 9 章),但通过反复试错法,便可获得好的转换。

有下界的因变量也会导致正向有偏分布,利用往下幂转换的效果往往非常好。然而当数据值在下限累积时,也称为“截断”或者“删节”(参见 Tobin, 1958),幂转换便因此失去效果。同样,同时具有上下限的数据,例如比例和百分比,往往需要其他的解决方法。例如,通过 $y' = \log[y/(1-y)]$ 进行 logit 或“log odds”转换往往对比例很有效。

在回归分析中,对变量的转化也引发了有关解释的问题。我将在第 7 章的末尾简短地处理这些问题。

第6章

不一致的误差方差

第 1 节 | 寻找不一致的误差方差

回归模型一直假设因变量的变异在回归平面附近,即误差方差在所有位置是一样的:$V(\varepsilon)=V(y \mid x_1, \cdots x_k)=\sigma^2$。不一致的误差方差往往叫做"异方差性"。尽管在误差方差不一致的情况下,最小二乘估计量仍是无偏且一致的,但它的有效性会受到影响,而系数标准误的普通公式也是不准确的,而问题的严重性取决于误差方差不一致的程度。在本章中,我将叙述一些图形的方法以发现不一致的误差方差这一问题。对异方差性的检验将在第 8 章对离散数据的讨论和第 9 章最大似然估计法中涉及。

因为回归平面是 k 维的,并嵌入在一个 $k+1$ 的空间中,所以一般来说,若 k 大于 1 或 2,就很难直接利用图示检验的方法评估误差方差的一致程度。然而,误差方差往往随着 y 的期望值的增加而增加,或者误差方差和某一 x 之间可能存在系统性的关系。前一种情况可以通过对残差根据拟合值绘制散点图而发现,后一种情况则需要对残差根据每个 x 绘制散点图。需要注意的是,对残差根据 y(与 $\hat{y}$ 相对的)绘制散点图往往比较困难。图形可能因此被扭曲:在 y 与 e 之间具有嵌入的相关性,因为 $y=\hat{y}+e$。事实上,y 与 e 之间的相

关系数为 $r(y, e) = \sqrt{1-R^2}$。相比之下，最小二乘拟合确保 $r(\hat{y}, e)=0$，从而获得一个更容易检查不一致分布的证据的散点图。

因为即便误差具有一致的方差，最小二乘残差仍然具有不等的方差，因此我建议对学生残差根据拟合值绘制散点图。最后，一个变化的分布模式往往在对 $|t_i|$ 或 t_i^2 根据 $\hat{y}$ 绘制的散点图中更容易被分辨出来，并可能被 lowess 平滑散点图所增强（参见附录 7）；当样本规模非常大或者 $\hat{y}$ 的分布非常不均匀时，使这个散点图变得平滑就十分有用。图 6.2 就是一个例子。

图 6.1(a)是对学生残差对拟合值的解释性散点图。在图 6.1(b)中，学生残差是根据 $\log_2(3+\hat{y})$ 绘制的散点图。通过矫正 $\hat{y}$ 中正向偏斜的值，第二个散点图使分辨出残差的分布随着 $\hat{y}$ 的增加而扩散这一趋势变得容易。这个例子的数据来自奥恩斯坦（Ornstein, 1976）对加拿大 248 个大型企

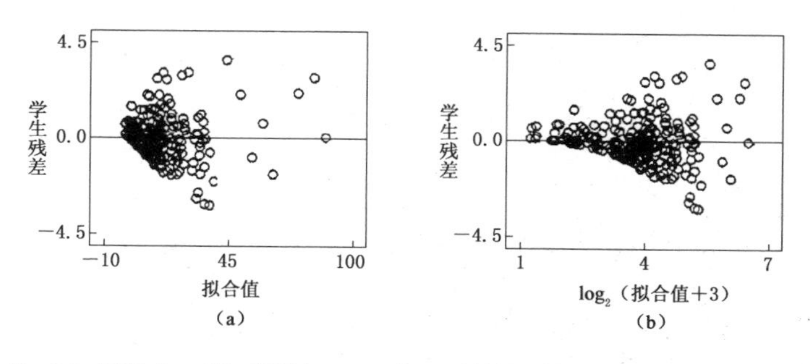

注：(a)t 根据 $\hat{y}$。(b)t 根据 $\log_2(3+\hat{y})$。对数转换降低了集合值的偏态，使得增加的残差更易辨别。

图 6.1　对奥恩斯坦连锁董事会回归中的学生残差根据拟合值绘制的散点图

业连锁董事会的研究。将每个公司的连锁董事会和行政性职位数量根据公司资产进行平方根转换以使关系变为线性(参见第7章);代表10个行业分类的9个虚拟变量,并以重工业为参照类进行回归;3个代表4个国家的虚拟变量,并以加拿大作为参照类进行回归。表6.1中左边的列显示的是回归的结果。需要注意的是,残差的分布随着 $\hat{y}$ 而分散的原因,一部分是由于 y 的下界0,因为 $e = y - \hat{y}$,对应某一个 $\hat{y}$ 的最小残差为 $e = 0 - \hat{y} = -\hat{y}$。

第2节 | 矫正不一致的误差方差

转换往往可以用于矫正误差方差随着因变量变大而增加(有时会减小)的趋势:如果残差随着拟合值分布范围变广而分散,则使 y 的幂与根向下转换;如果残差随着拟合值分布范围变广而紧缩,则使 y 的幂与根向上转换。通过反复试错法,可以选出适合的转换(选择一个方差稳定化的转换的方法参见第9章)。如果误差方差对某一个 x 是成比例的,或者如果 $V(\varepsilon_i)$ 的模式是已知的某一常数比例,则另一种对 y 的转换就是权重最小二乘估计(WLS)。对于异方差性,也可以矫正最小二乘系数的估计标准误,怀特(White, 1980)提出一种方法,参见附录9。这种方法的优点在于不需要了解不一致误差方差模式的信息(例如,方差随着 y 或 x 增大而增大)。但是如果异方差问题很严重,矫正后的标准误比一般公式获得的往往要大得多,如此,发现不一致方差的模式并矫正它(通过转换或WLS估计)将帮助获得更有效的估计。在任意情况下,只有当问题非常严重的时候,才会出现错误矫正不一致误差方差的情况,例如误差的方差的分布随着三个或三个以上的因素而变化(例如,误差方差随着10个或以上的因素而变化,参见附录10)。

对奥恩斯坦连锁董事会进行回归，平方根转换似乎能够矫正残差随着因变量等级的升高而扩散这一依存关系。图6.2是对转换后的数据将$|t_i|$根据$\hat{y}_i$绘制的散点图。表6.1中右边的列是回归的结果。图6.2中lowess平滑后的结果显示，学生残差的平均绝对值并未随着拟合值的上升而发生变化。

表6.1　对加拿大284个企业的连锁董事会和行政人员数量根据公司资产、所在部门和州进行的回归

回归因子	连锁董事会		$\sqrt{连锁董事会+1}$	
	系　数	标准误	系　数	标准误
常数项	4.19	1.85	2.33	0.231
$\sqrt{资产}$	0.252	0.019	0.0260	0.00232
行业[a]				
农业、食品	−1.20	2.04	−0.0567	0.255
轻工业				
冶金	0.342	2.01	0.356	0.252
木材、造纸	5.15	2.68	0.786	0.335
建筑	−5.13	4.70	−0.740	0.588
运输	−0.381	2.82	0.354	0.353
工商	−0.867	2.63	0.148	0.329
银行	−14.4	5.58	−2.25	0.697
其他金融	−5.70	2.93	−0.0880	0.366
控股公司	−2.43	4.01	−0.245	0.502
控制的国家[b]				
美国	−8.09	1.48	−1.11	0.185
英国	−4.44	2.65	−0.527	0.331
其他	−1.16	2.66	−0.114	0.333
R^2	0.655		0.580	

注：a. 虚拟变量的参照类：重工业。
b. 参照类：加拿大。

资料来源：M. Ornstein(个人联系)；这个数据同样被福克斯(Fox，1984)所使用。

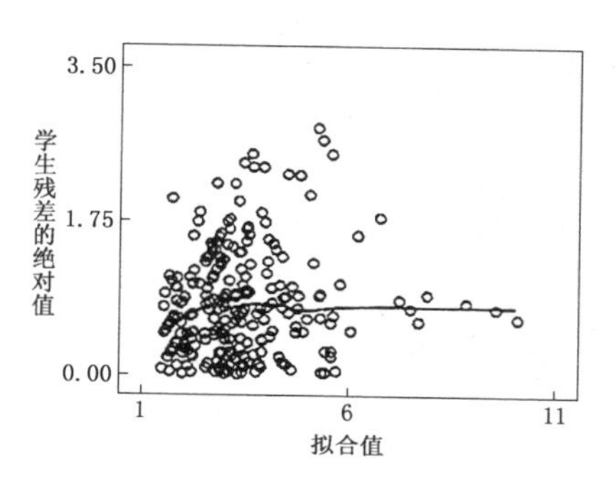

注:图中的线是 lowess 平滑,使用了 $f=0.5$ 的二次稳健迭代。

图 6.2 对学生残差的绝对值根据拟合值绘制的散点图

表 6.1 中原始与转换后的回归系数并不能直接用来比较,因为因变量的度量被改变了。然而,公司资产仍明显呈现正效应,而控制的国家变量也保有其原先的排列。不同行业间的差别在这两个分析中也相类似,尽管并非完全一致。对两个结果的比较可以发现,这两组虚拟变量的参照类——加拿大和重工业,被默认系数为 0。

将 y 进行转换也使误差分布的形状和对 y 根据 x 回归的形状被改变。通过转变产生一致的残差变异程度,也往往可以使残差的分布更对称。在某些情况下,消除了不一致的分布也使 y 与 x 之间的关系更接近线性(参见下一章)。然而,这些附产品不一定是矫正误差方差的结果,并且在对 y 进行转换后检查数据的非线性也很重要。当然,由于我们无法在对 y 进行转换之前就知道回归是否是线性的,因此我们应该在对 y 进行转换之前就检验非线性问题。

最后,不一致的残差分布有时是因为忽略了模型中重要效应的证据。假设有一个被忽略的分类自变量(比如地区位置)与公司资产交互影响连锁企业,尤其是公司资产的斜率,即便在每个地区都是正向的,但在某些地区也比其他的地区陡峭。那么即便矫正后的模型中误差有一致的分布,但若忽略了地区和其与公司资产的交互效应,则可能生成一个扇形的残差散点图。因此,为了发现这些特殊的误差,需要深入了解数据产生的过程,而不能简单地依靠诊断。

非线性

任意处的 $E(\varepsilon)$都等于 0 这一假设暗示着特定的回归平面能够涵盖 y 与 x 之间的依存关系。违背这一线性假设将使模型无法捕捉因变量与自变量之间关系的系统性模式，例如某一被确认为线性的部分关系可能是非线性的，或者两个被确认为具有累加性偏效应的自变量可能是交互影响 y 的。但是，即便回归平面 $E(y)$并没有被准确确认，拟合模型往往也是一种有用的近似。不过在其他情况下，这种模型可能有极大的误导作用。

即便确认了回归因子只是很少数量的基本自变量组成的函数，回归平面也往往是高维的。因此，正如在不一致误差方差的情况下，需要关注偏离线性的特别模式。在本章中，图形的诊断方法用两维的图示代表观测的高维点云 $\{y_i, x_{1i}, \cdots, x_{ki}\}$。利用现代的电脑画图，此处的观点可以扩展至三维，例如对自变量间的二元交互进行相应的检测。

第1节｜残差与偏残差散点图

尽管在多元回归中对 y 根据每个 x 绘制散点图是非常有效的，但是这个散点图并不能涵盖全部的情况（有时可能会误导），因为我们的兴趣聚焦于在控制了所有其他的 x 后，y 与 x 之间的偏相关关系，而不是 y 与单一 x 之间的边际关系。基于残差的散点图在这种情况下则更加适合。

将残差或者学生残差根据每个 x 绘制散点图（可能会被 lowess 平滑而增强，参见附录7），对于探寻对线性的偏离非常有效。正如图7.1所示，残差散点图不能区分单调（如严格的增加或减小）和非单调（如有升有降）的非线性关系。残差散点图之所以不能捕捉单调与非单调非线性关系之间的区别，原因在于最小二乘拟合确保了残差与每个 x 之间线性的非相关。然而这种区分是非常重要的，正如下面即将讨论的，因为单调的非线性往往可以被简单地转换而矫正。如在图7.1中，案例(a)可以由 $y=\beta_0+\beta_1x^2+\varepsilon$ 建模，而案例(b)无法利用对 x 的幂转换而变成线性的，而需要一个多项式的重新确认来进行处理：

$$y=\beta_0+\beta_1x+\beta_2x^2+\varepsilon$$

然而案例(b)也可以通过对 x 转换而进行调整：$y=\beta_0+\beta_1(x-$

$\alpha) + \varepsilon$，但在此，我不对这种方法进行讨论。

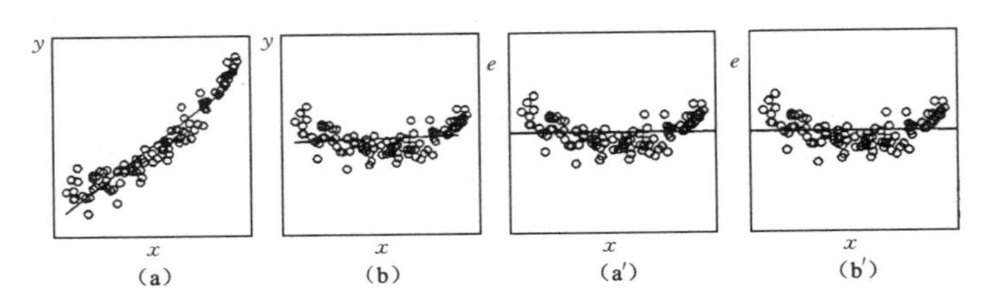

注：残差的散点图并没有分辨出非线性但单调的关系与非线性非单调的关系。

图 7.1 简单回归的散点图(a)和图(b)与相应的残差散点图(a′)与图(b′)

与简单的残差散点图相比，后文将介绍的用于寻找强影响数据的偏回归散点图，可以用来揭示非线性并判别关系是不是单调的。这些散点图对于确定一个转换并不一定永远有效，但是偏回归散点图将 x_j 根据其他 x 进行调整，未经调整的 x_j 则被转换以重新确定模型。偏残差散点图，也称做"分量—残差散点图"，往往是另一种有效的方法。但是在检验影响力与影响程度方面，偏残差散点图并不如偏回归散点图有效。

定义第 j 个回归因子的偏残差为：

$$e_i^{(j)} = e_i + b_j x_{ji}$$

用文字解释为，将 y 与 x_j 的偏相关关系线性分量加回到最小二乘残差上，而这个残差可能包括未建模的非线性分量。然后将 $e^{(j)}$ 根据 x_j 绘制散点图。通过建构，使多元回归的系数 b_j 成为对 $e^{(j)}$ 根据 x_j 进行简单回归的斜率，但是非线性也同样可以在这个散点图中显现，而 lowess 平滑法也可以帮助解释这个散点图。

图7.2中的偏残差散点图是针对将1971年102个加拿大职业的声望(P),根据平均教育年限(E)和平均收入水平(I),以及女性在此职业中的百分比(W)进行的回归(Pineo and Porter, 1967;相关的结果参见 Fox and Suschnigg, 1989; Duncan 对类似的美国数据所做的回归)。在每个散点图中都进行了 lowess 平滑。回归的结果如下:

$$\hat{P} = -6.79 + 4.19E + 0.00131I - 0.00891W$$
$$(3.24) \quad (0.39) \quad (0.00028) \quad (0.0304)$$
$$R^2 = 0.80 \quad s = 7.85$$

需要注意的是,回归系数的大小不应被用来进行比较,因为自变量的测量单位不同,尤其是收入的单位非常小(美元),而教育的单位则相对较大(年限)。我们应该根据每个相应的自变量的单位来解释回归系数。在这个例子中,教育与收入的系数都相对较大,而女性比例的系数则非常小。

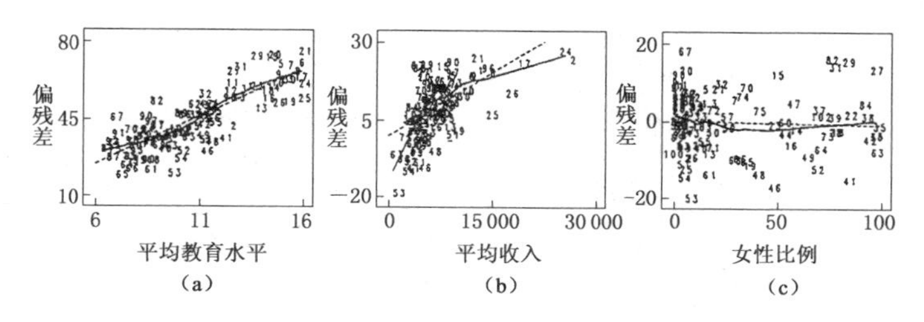

注:每个点都附有观测值的索引。在每个图中,都显示了最小二乘拟合(虚线)和 lowess 平滑(实线,$f = 0.5$,进行了二次稳健迭代)。

资料来源:B. Blishen, W. Carroll and C. Moore(个人联系);加拿大人口普查(加拿大统计年鉴,1971:19.1—19.21); Pineo and Porter, 1967。

图7.2 对1971年加拿大102个职业的声望评分根据职业特征,以教育、收入和女性比例进行回归获得的偏残差散点图

教育的偏残差散点图是明显的单调非线性，而收入则更加明显，见图7.2(a)与图7.2(b)。当加入教育与收入水平时，具有中等教育水平的女性的职业具有较低的职业声望这一趋势则没有那么明显，见图7.2(c)。就我而言，在没有经过lowess平滑之前，对教育和女性比例的偏残差散点图的趋势和模式都难以判断，因为对线性的偏离并不严重。收入与女性比例的非线性模式非常简单：对前者而言，lowess曲线是向下开口的；对后者而言，则向上开口。然而对教育而言，弯曲的方向发生了变化，构成了一个更加复杂的非线性模式。

马洛斯(Mallows, 1986)指出，偏残差方差的散点图往往能够更清晰地揭示非线性。首先，对模型加入一个多项式使其变为：

$$y_i = \beta_0 + \beta_1 x_{1i} + \cdots + \beta_j x_{ji} + \gamma x_{ji}^2 + \cdots + \beta_k x_{ki} + \varepsilon_i$$

然后，在拟合完模型后，构造"加强"偏残差：

$$e_i'^{(j)} = e_i + b_j x_{ji} + c x_{ji}^2$$

请注意，此处的对 x_j 的回归系数 b_j 与原先模型是不同的，因为原模型并没有包括平方项。最后，对 $e'^{(j)}$ 根据 x_j 绘制散点图。

第 2 节 | 进行线性转换

通过观察图 7.3，我们可以考虑幂转换是如何使一个单调的非线性关系线性化的。这里，我们根据 $x = 1, 2, 3, 4, 5$ 对 $y = (1/5)x^2$ 绘制散点图。通过建构让 $y = (1/5)x'$ 中的 $x' = x^2$，则可以使关系变得线性化，或者在 $y' = \sqrt{1/5}x$ 中使 $y' = \sqrt{y}$。图 7.3 展示了每个转换是如何对其中某一个轴进行不同的伸展，从而使曲线变成一条直线的。

正如图 7.4 所示，一共有四种简单的单调非线性模式。每一种都可以通过对 y、x 或者两者同时在幂与根进行向上和向下转换，曲度的方向决定了在幂与根方向上的移动。杜凯(Tukey, 1977)将这称做"撑压法则"。反复试错法可以帮助找出最合适的线性转换方法。

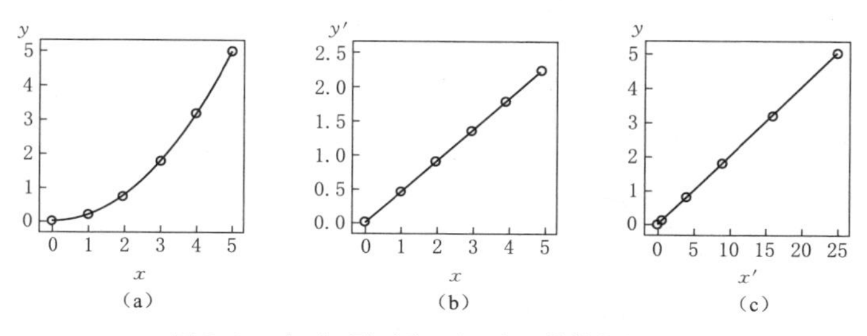

图 7.3　对 y(a 到 b)和 x(a 到 c)的转换如何使一个简单的单调非线性关系线性化

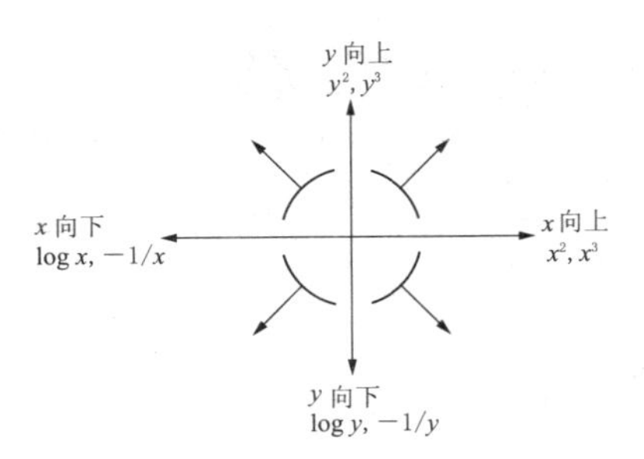

资料来源：Tukey，*Exploratory Data Analysis* © 1977，Addison-Wesley Publishing Co。

图 7.4　通过"撑压法则"确定一个对线性的转换

在多元回归中，撑压法则可用于偏残差散点图中。一般来讲，我们倾向于对 x_j 而非 y 进行转换，因为改变对 y 的度量将影响它与其他回归因子之间的关系以及对 y 进行转换将改变误差的分布。而唯一的例外只出现在所有的偏残差散点图中，所有非线性模式都类似的情况下。此外，logit 转换往往在因变量为比例的情况下有效。

与在图 7.1(b)中所显示的一样，非单调非线性（以及一些复杂的单调模式）可以通过对 x 进行多项式拟合来解决，二次方确认在应用中往往非常有效。只要模型对参数来说还是线性的，那么它就可以用最小二乘回归来进行拟合。

对加拿大职业声望数据进行反复试错法可以得出对收入的对数转换。职业声望与妇女比例之间的曲线偏关系建议我们应当使这个自变量包含线性项与二次项。这些改变对于模型的拟合产生了适度（但可识别）的改进：

$$\hat{P} = -111 + 3.77E + 9.36\log_2 I - 0.139W + 0.00215W^2$$

$$(15)\quad (0.35)\quad (1.30)\qquad (0.087)\quad (0.00094)$$

$$R^2 = 0.84 \quad s = 6.95$$

需要注意，妇女比例的二次项具统计显著性。这个变量的偏效应相对较小，但是其范围包括当职业的女性比例为32%时，最小声望分数的－2.2到假设的职业的女性比例为100%时，声望分数的7.6。因为教育的偏残差散点图的非线性模式是复杂的，对这个因变量的幂转化将不会有效。通过反复试错法，我们知道将教育取平方也只能将R^2增加到0.85。

在对数据进行转换或者重新确定模型的函数形式时，需要对实际情况与建模进行交互的考虑。然而我们必须认识到，社会理论往往并非数学化那样具体，因为理论告诉我们，声望应该随着收入上升，但是它并不能确认这个关系的函数形式。

然而在某些情况下，一些转换对于结果的解释具有促进作用。例如，对数转换往往可以获得有意义的解释：$\log_2 x$增加1，则导致x翻倍。因此，在重新确认的加拿大职业声望回归中，当使教育和性别构成保持不变时，收入的翻倍将导致职业声望9分的增长。

与之类似，面积的平方根或体积的立方根可以被解释为距离或长度的线性测量，跨越一段距离所需时间的倒数则为速度等。如果y与x_j都进行了对数转换，则x_j'回归系数可以解释为y对x_j的弹性，也就是说，x_j1%的改变将对应y改变的百分比。在很多情况下，二次方的关系将清晰而有效地解释力度（例如，性别比例适中的职业对声望没有什么影响），但是四阶的多项式则可能不会。

最后，尽管保持简单性与可解释性很重要，但是没有必要因为坚持用一个明显不适合的函数形式而改变数据。在任何情况下，y 与 x 的拟合关系可用图示或表格表示出来（如果它们经过转换，则使用变量原始的度量），或者可以描述某一些策略性的 x 值上的效应（例如，上述有关女性比例对职业声望的偏效应的简短描述）。

离散数据

离散的自变量与因变量往往产生难以解释的散点图。图 8.1 就是这一现象的简单例子，其中的数据来自 1989 年由国家民意研究中心进行的社会概况调查。自变量——教育年限是从 0—20 进行编码的，因变量是在一个 10 个题目的词汇测试中，答对题目的数量。需要注意，这个变量是一个变相的比例——事实上变量是答对的比例×10。

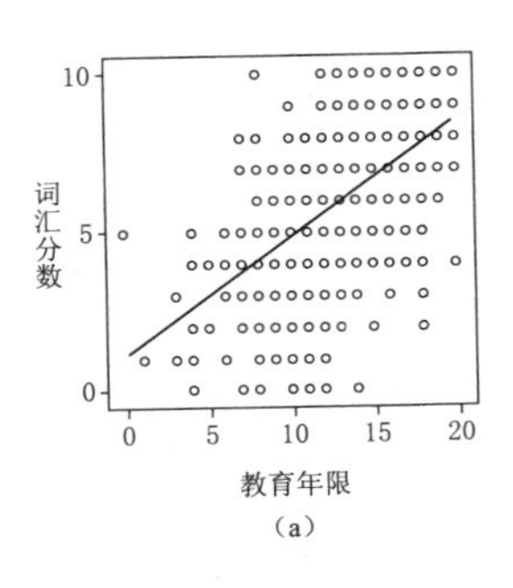

(a)

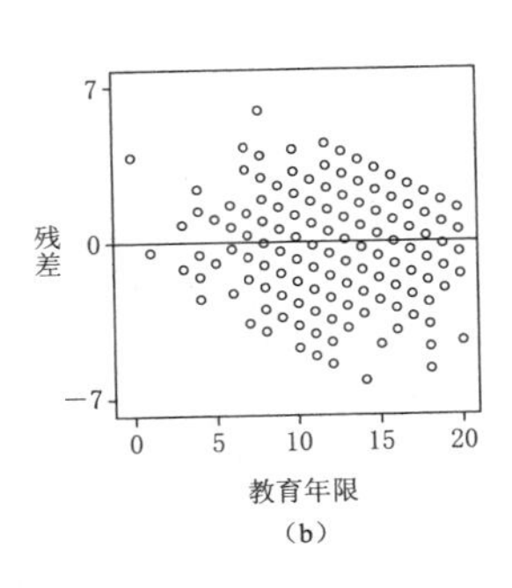

(b)

注：散点图中显示了最小二乘回归直线。

图 8.1 对词汇分数根据教育年限的散点图与残差散点图

图 8.1(a)中的散点图与我们的印象一致，随着教育程度的上升，词汇水平也上升。然而这个散点图很难读懂，因为 968 个数据点大多是一个叠加在一个上面的。图中也包括最

小二乘回归线,其方程为:

$$\hat{V} = 1.13 + 0.374E$$
$$(0.28)\ (0.021)$$
$$R^2 = 0.248 \quad s = 1.92$$

其中 V 与 E 分别是词汇分数与教育程度。

图 8.1(b)是拟合方程中的残差根据教育程度的散点图。这个图的左下角到右上角的对角线是离散因变量的典型特征:对于 y 的每一个个别值,例如,$y=5$,残差为 $e=5-b_0-b_1x=3.87-0.374x$,是对 x 的线性函数。我注意到,当 y 具有一个既定的最小值时,残差根据拟合值作图可以获得一个与第 6 章类似的现象。从左下角到右上角的对角线是由于 x 的离散性。

图 8.1(b)显示,对教育这一变量而言,相对于中间值的最大值和最小值都具有较小的残差方差。这一观测的模式与观察到的因变量是一个假比例这一现象一致:当回答正确的平均数量接近 0 或 10 时,词汇分数的潜在变异将降低。然而在这一明显的下降趋势中,部分的原因在于,当接近教育度量的上下限时,数据相对较为分散。我们之所以关注残差值的范围,原因在于我们无法观察到大多数的数据点,而且即便方差是恒定的,这一范围也随着数据量的增加而扩大。

图 8.2 显示了相关的状况,其中每一个数据点都可以水平和垂直地“抖动”,尤其是在每个教育和词汇的分数上加上一个在区间[−1/2, 1/2]的一致随机变量。这种对离散数据绘制散点图的方法是由钱伯斯、克利夫兰、克莱纳和杜凯(Chambers, Cleveland, Kleiner and Tukey, 1983)提出的。这个散点图同样显示出对原始数据的拟合回归直线,也包括

在每个教育的值上振动的词汇分数的分布上，穿越中位数、第一和第三分位点的直线。我排除了距离中位数与分位点低于 6 的教育值，因为这些数据在这个区域中太过分散。

图 8.2 有很多特点值得关注：(1)从抖动的数据中，我们可以看到观测在教育为 12 年(对应高中毕业)时尤其密集；(2)中位数的轨迹与最小二乘回归直线最为接近；(3)分位点的描记线显示出 y 的扩散程度并没有在教育程度的较大值处降低。

因变量是离散的，违背了回归模型中误差是正态分布且具有一致方差的假设。这个问题与受限因变量一样，只在极端的情况下才会出现。例如，当只有很少的回答类型时，或者很大一部分的观测值包含在很小数目的类别中且取决于自变量的值之时。

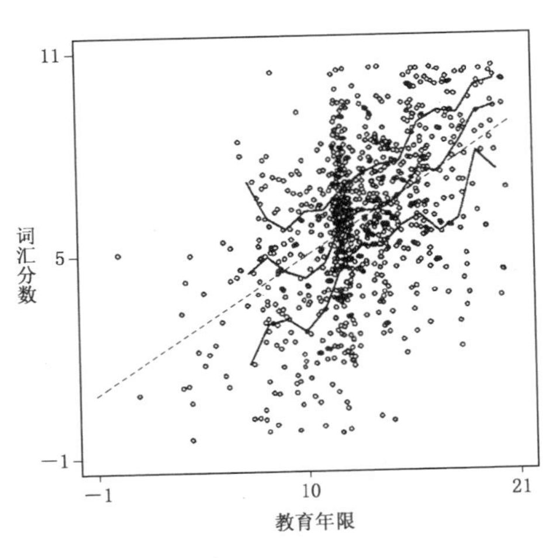

注：对横纵坐标都加上了一个很小的随机量。虚线是对没有抖动数据拟合的最小二乘回归直线。实线是对抖动的词汇分数绘制的中位数和分位数的轨迹。

图 8.2　对词汇分数根据教育年限的"抖动"散点图

相比之下，离散的自变量与回归模型完全一致，因为回归模型除了假设 x 与误差不相关之外没有别的对分布的要求。事实上，一个离散的 x 往往可以直接对非线性进行假设检验，这叫做对“失拟”的检验。同样，对一个离散的自变量的每个类别进行非一致误差方差的检验也相对简单。

第 1 节 | 检验非线性

例如,假设我们将教育转化为一系列虚拟的回归因子进行建模,而非确认词汇分数与教育之间的线性关系。尽管有从 0 到 20 一共有 21 个教育程度的值,但样本中的个体没有一个是具有 2 年教育水平的,这使我们一共有 20 个类别和 19 个虚拟回归因子,则方程变为:

表 8.1 词汇测试分数不同的分析

出　　处	df	平方和	均方	F	p
教育(方程 8.1)	19	1262.0	66.40	18.1	≪0.0001
线性(方程 8.2)	1	1175.0	1175.0	320.0	≪0.0001
非性线("拟合不足")	18	86.58	4.810	1.31	0.17
误差("纯误差")	948	3473.0	3.663		
总计	967	4735.0			

资料来源:1989 年社会概况调查,国家民意调查中心。

$$y_i = \gamma_0 + \gamma_1 d_{1i} + \cdots + \gamma_{19} d_{19,\,i} + \varepsilon_i \tag{8.1}$$

将这个方程与下面方程相比:

$$y_i = \beta_0 + \beta_1 x_i + \varepsilon_i \tag{8.2}$$

便可以生成一个对非线性的检验,因为方程 8.2 中确认的线性关系是方程 8.1 中的特例,方程 8.1 包含了所有 $E(y)$与 x

之间关系的模式。获得的对非线性的增量 F 检验显示在表 8.1 的方差分析中。因此我们清楚,在词汇与教育之间有明显的线性关系,而没有证据显示具有非线性。

在多元回归模型中,对非线性的 F 检验很容易扩展至离散自变量,假如这个变量为 x_1。这里,我们将较普通的模型,

$$y = \gamma_0 + \gamma_1 d_1 + \cdots + \gamma_{q-1} d_{q-1} + \beta_2 x_2 + \cdots + \beta_k x_k + \varepsilon$$

与确认了 x_1 线性效应的模型比较:

$$y = \beta_0 + \beta_1 x_1 + \beta_2 x_2 + \cdots + \beta_k x_k + \varepsilon$$

其中,d_1,…,d_{q-1} 是构建来表示 x_1 的 q 个类别的虚拟回归因子。

第 2 节 | 检验不一致误差方差

一个离散的 x（或几个 x 的组合）将数据分成 q 组。令 y_{ij} 代表在第 i 个组中 n_i 个因变量分数中的第 j 个。如果误差方差是一致的，则组内的方差估计量

$$s_i^2 = \frac{\sum_{j=1}^{n_i}(y_{ij} - \bar{y}_i)^2}{n_i - 1}$$

应该是类似的。其中，$\bar{y}_i$ 是第 i 个组的均值。当误差是非正态分布时，直接针对 s_i^2 的检验将不再具有有效性，例如巴特莱特(Bartlett, 1937)常用的检验。

因而，许多替代的检验法被提出。在大规模的仿真研究中，克诺弗和约翰逊等人(Conover, Johnson and Johnson, 1981)证明了下面的 F 检验是稳健和有力的：计算 $z_{ij} = |y_{ij} - y_i^*|$ 的值，其中 y_i^* 是第 i 组中 y 的中位数。其后对变量 z 的 q 个组进行单一变量方差分析。如果误差方差在组间是不一致的，则组均值 $\bar{z}_i$ 将有所不同，从而产生一个很大的 F 检验统计值。例如对词汇数据，教育水平将全部 968 个观测分为 $q = 20$ 个组，这个检验得出 $F_{19,948} = 1.48$，$p = 0.08$，并没有产生不一致分布的明显证据。

第9章

最大似然法、计分检验和构造变量

本章介绍的方法都基于最大似然估计法(参见 Fox, 1984; Wonnacott and Wonnacott, 1990:第 18 章)。这些方法的逻辑比前几章介绍的类似的特定步骤更为复杂,但是应用起来同样很直接。因此,本章的内容对相对没有受到精妙统计理论限制的数据分析者来说,也应该非常有效。

对 x 或 y 转换的选择,一种统计上更复杂的方法是将普通的多元回归模型嵌入一个包含针对转换参数的更一般模型中。如果有好几个变量需要被转换,或者转换非常复杂,则需要有好几个类似的参数。而这一类型的模型本质是非线性的。

假设转换可以由单一参数 λ 表示,其后我们记下包含转换参数和普通回归参数的函数形式的模型似然性: $L(\lambda, \beta_0, \beta_1, \cdots, \beta_k, \sigma^2)$。使似然值最大化将获得 λ 的最大似然估计(MLE)以及其他参数的最大似然估计。现在,我们令 $\lambda=\lambda_0$,代表没有进行转换(例如 $\lambda_0 = 1$ 表示幂转换 y^λ); H_0 的似然比检验: $\lambda = \lambda_0$,用以评估转换是否需要。

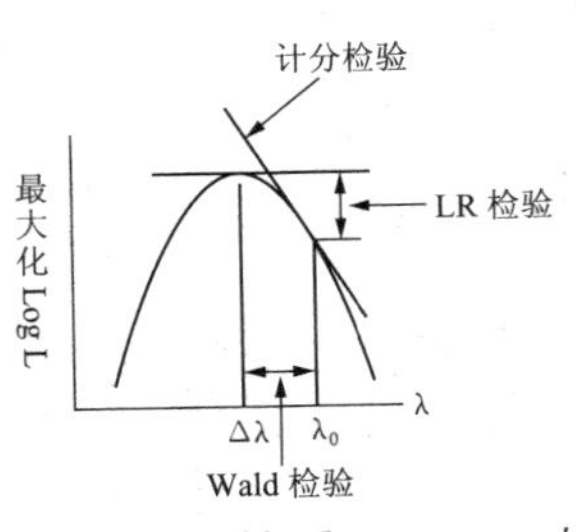

图 9.1 似然比对假设 $H_0: \lambda = \lambda_0$ 的 Wald 检验和计分检验

正如图 9.1 中所示,似

然比检验比较 MLE$\hat{\lambda}$ 的对数似然值和零假设值 λ_0：如果 $\log_e L(\hat{\lambda})$ 比 $\log_e L(\lambda_0)$ 大很多，H_0 将被拒绝，则我们可以获得结论——需要进行转换。如图 9.1 中所示的替代检验就是基于 $\hat{\lambda}$ 与 λ_0 之间距离的 Wald 检验；计分检验（也称做“拉格朗日乘数递增检验”）则基于 λ_0 处似然对数的斜率——一个对 H_0 产生质疑的陡峭斜率，因为在最大处（即当 $\lambda=\hat{\lambda}$ 时）的对数似然是平坦的。对于二次项的对数似然值，这三个检验是相同的，但是在更一般的时候不是，尽管在实践中，它们往往产生类似的 p 值并具有渐近（大样本）的特质。

似然比率与 Wald 检验的优点在于它们需要找到 MLE，而这往往需要迭代（一个不断近似的重复过程）。相比之下，在 λ_0 处，$\log_e L$ 的斜率往往不需要迭代就可以被估计或者近似。计分检验可以构造成对一个新回归因子的 t 统计量，称做“构造变量”，然后将其加入回归模型。此外，对构造变量的偏回归散点图能够揭示一个或者一部分观测是否会产生严重的影响、是否进行转换，或者是否要对整个数据进行转换。

第 1 节 | y 的 Box-Cox 转换

博克斯(Box)与考克斯(Cox)建议对 y 进行幂转换以使误差呈正态分布,使误差方差变稳定并使 y 与 x 之间的关系变为线性。一般的模型为:

$$y_i^{(\lambda)} = \beta_0 + \beta_1 x_{1i} + \cdots + \beta_k x_{ki} + \varepsilon_i$$
$$\varepsilon_i \sim \text{NID}(0, \sigma^2)$$

其中,

$$y_i^{(\lambda)} = \begin{cases} \dfrac{y_i^{\lambda} - 1}{\lambda} (\lambda \neq 0) \\ \log_e y_i (\lambda = 0) \end{cases}$$

其中,所有的 y_i 都是正的。对某一选定的 λ, Box 与 Cox 证明条件的最大化对数似然值为:

$$\log_e L(\beta_0, \beta_1, \cdots, \beta_k, \sigma^2 \mid \lambda) = -\frac{n}{2}(1 + \log_e 2\pi) - \frac{n}{2}\log_e s^2(\lambda) + (\lambda - 1)\sum_{i=1}^{n} \log_e y_i$$

其中, $s^2(\lambda) = \sum e_{(\lambda)i}^2 / n$, 且 $e_{(\lambda)i}$是对 $y^{(\lambda)}$ 根据 x 进行最小二乘线性回归得到的残差。寻找 MLE$\hat{\lambda}$ 的一个简单步骤就是评估某一段 λ 值(例如在 -2 到 $+2$ 之间)的最大 $\log_e L$。如果

结果显示这段区间没有包括似然对数的最大值，则需要扩大这段区间。检验 $H_0:\lambda = 1$，则需要计算似然比检验统计量：

$$G_0^2 = -2 \times [\log_e L(\lambda = 1) - \log_e L(\lambda = \hat{\lambda})]$$

在 H_0 情况下是 χ_1^2 分布。对 λ 的 95%置信区间包括那些符合 $\log_e L(\lambda) > \log_e L(\lambda = \hat{\lambda}) - 1/2 \times 1.96^2$ 的值，其中 $1.96^2 = \chi_{1,0.05}^2$。图 9.2 显示的是针对奥恩斯坦连锁企业董事会回归所做的、针对 λ 的最大似然对数的散点图。λ 的最大似然估计是 $\hat{\lambda} = 0.30$，而 95%的置信区间则从 0.20 到 0.41，图中在接近似然对数处用交叉线标示出来（在第 6 章中，我们对这一数据使用了平方根转换以使误差方差稳定化）。

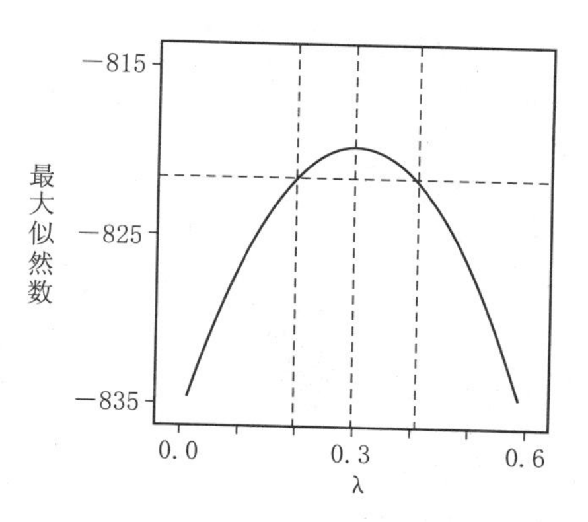

注：在 Box-Cox 模型中作为对参数 λ 转换函数的条件最大似然对数。图上方水平线与似然对数的交叉组成了 λ 的 95%置信区间。

图 9.2　对奥恩斯坦连锁董事会进行回归

阿特金森（Atkinson, 1985）针对 Box-Cox 模型提出了一个近似的计分检验，这一检验基于构造变量 $G_i = y_i \times [\log_e(y_i/\tilde{y}) - 1]$，其中 $\tilde{y}$ 是 y 的几何平均数，$\tilde{y} = (y_1 \times y_2 \times \cdots \times y_n)^{1/n}$。这

一构造变量是通过对在 $\lambda=1$ 处的 Box-Cox 转换 $y^{(\lambda)}$ 的线性近似获得的。扩展方程为：

$$y_i=\beta_0+\beta_1x_{1i}+\cdots+\beta_kx_{ki}+\varphi G_i+\varepsilon_i$$

对 $H_0:\varphi=0$ 的 t 检验即 $t_0=\hat{\varphi}/SE(\hat{\varphi})$，并通过此来评估是否需要进行转换。对 λ 的估计（尽管不是 MLE）为 $\tilde{\lambda}=1-\hat{\varphi}$，而对 G 的偏回归散点图则表示了对 $\hat{\varphi}$ 的影响，以及对 λ 的选择。

图 9.3 是对连锁企业董事会回归的 Atkinson 构造变量散点图。尽管图中的趋势并非始终为线性，但可以看出，对 y 的转换是需要在整个数据中进行的，且并非源于一小部分影响力很大的观测。构造变量的回归系数为 $\hat{\varphi}=0.588$ 且 $SE(\hat{\varphi})=0.032$，强烈地表明需要对 y 进行转换。而建议的转换 $\tilde{\lambda}=1-0.588=0.412$ 与 MLE 非常接近。

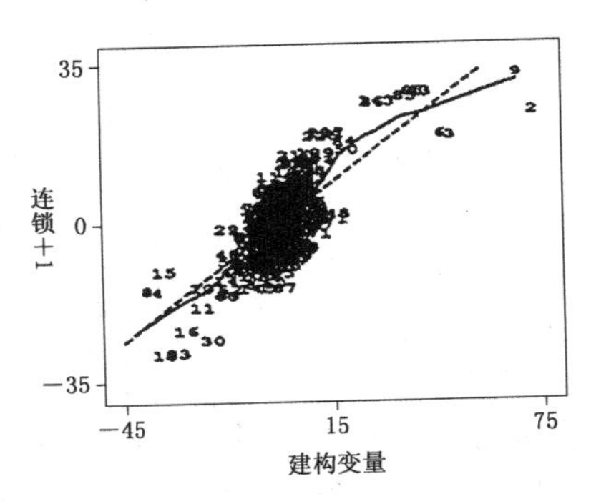

注：图中每个点都标有观测索引。最小二乘（虚线）和 lowess 回归（实线）均显示在图中。

图 9.3　对奥恩斯坦连锁董事会回归的 Box-Cox 转换的建构变量散点图

第 2 节 | 对 x 的 Box-Tidwell 转换

现在我们考虑如下模型：

$$y_i = \beta_0 + \beta_1 x_{1i}^{\gamma_1} + \cdots + \beta_k x_{ki}^{\gamma_k} + \varepsilon_i$$
$$\varepsilon_i \sim \mathrm{NID}(0,\ \sigma^2)$$

在假设模型中，所有 x_{ji} 都是正的，则这个模型中的参数，β_0，β_1，…，β_k 和 γ_1，…，γ_k 可以与 σ^2 一起，通过一般非线性最小二乘模型（参见 Gallant，1975）估计出来，但是博克斯和提德维尔（Box and Tidwell，1962）提出一种更有效的步骤来进行构造变量的诊断：

第一，将 y 根据 x_1，…，x_k 进行回归，得到 b_1，…，b_k。

第二，将 y 根据 x_1，…，x_k 与构造变量 $x_1 \log_e x_1$，…，$x_k \log_e x_k$ 进行回归，得到 b'_0，b'_1，…，b'_k 与 d_1，…，d_k。注意，由于在第二个回归中加入了构造变量，一般来讲 $b_j \neq b'_j$。正如在 Box-Cox 模型中，构造变量是在 $\gamma = 1$ 处对 x_j^{γ} 的线性近似得到的。

第三，根据对假设 $H_0: \delta_j = 0$ 的检验，构造变量 $x_j \log_e x_j$ 可用于评估是否需要对 x_j 进行转换，其中 δ_j 是第二个回归中 $x_j \log_e x_j$ 的整体系数。构造变量的偏回归散点图对于评价对 x 进行转换的影响力与影响程度非常有效。

第四，对 γ_j 的估计可以通过 $\tilde{\gamma}_j = 1 + d_j / b_j$ 获得。b_j

可以通过第一步回归获得。

可以通过重复进行第一、第二和第四步来完成这一程序，直到对转换参数的估计值稳定下来，获得 MLE 的 $\hat{\gamma}_j$。

对于加拿大的职业声望数据，保持女性比例这一变量不变(W 与 W^2)，则在辅助回归中，$E\log_e E$ 与 $I\log_e I$ 的系数分别为 $d_E=5.30$ 且 $\mathrm{SE}(d_E)=2.20$，而 $d_I=-0.00243$ 且 $\mathrm{SE}(d_I)=0.00046$。这一结果表明，相对于教育，我们更需要对收入进行转换。回顾第 7 章我们发现，对教育的幂转换并非十分合适。转换参数的第一步估计为：

$$\tilde{\gamma}_E=1+d_E/b_E=1+5.30/4.26=2.2$$
$$\tilde{\gamma}_I=1+d_I/b_I=1-0.00243/0.00127=-0.91$$

对转换参数进行完全的 MLE 迭代，得到 $\hat{\gamma}_E=2.2$ 且 $\hat{\gamma}_I=-0.038$。将这一结果与第 7 章中通过反复试错法得出的平方与对数转换相比较。从图 9.4 中对转换的教育与收入的构造变量散点图可以看出转换大体上是必要的，尽管在收入的散点图上有一些高影响力的观测值。

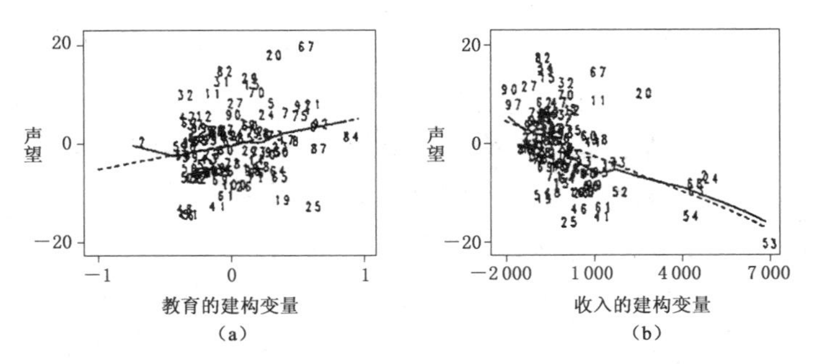

注：每个点都标有观测索引。最小二乘(虚线)和 lowess 回归(实线)均显示在图中。

图 9.4 在加拿大职业声望回归中，对教育和收入进行 Box-Tidwell 转换后的建构变量散点图

第3节　对不一致误差方差的矫正

对于异方差问题，布劳什和帕甘（Breusch and Pagan, 1979）提出了一种计分检验，它基于确认误差方差与已知变量 z_1，…，z_p 相关而获得，并且可以建模为：

$$\sigma_i^2 = V(\varepsilon_i) = g(\gamma_0 + \gamma_1 z_i + \cdots + \gamma_p z_{pi})$$

其中，函数 $g(\cdot)$ 非常普通，而类似的检验也由库克和韦斯伯格（Cook and Weisberg, 1983）独立提出。对于 σ^2 恒定的这一假设（与 $H_0: \gamma_1 = \cdots = \gamma_p = 0$ 等同）的计分检验，可以转换成一个辅助回归的问题。

令 $u_i = e_i^2/\hat{\sigma}^2$，其中 $\hat{\sigma}^2 = \sum e_i^2/n$ 是对误差方差的 MLE（注意除数为 n 而不是自由度 $n-k-1$），u_i 为一种标准化残差的平方。将 u 根据 z 进行回归：

$$u_i = \alpha_0 + \alpha_1 z_{1i} + \cdots + \alpha_p z_{pi} + \omega_i \qquad [9.1]$$

布劳什和帕甘证明了计分统计量 $S^2 = \sum(\hat{u}_i - \bar{u})^2/2$ 在 $H_0: \sigma_i^2 = \sigma^2$ 时近似服从 χ_p^2 分布。这里，$\hat{u}_i$ 是将 u 根据 z 进行回归而获得的拟合值，而 S^2 则为根据拟合方程 9.1 获得的回归平方和的一半。

在应用中，当然需要选择 z，而这种选择则基于对不一致误差方差模式的预估。如果预估了好几种模式，则需要进行多个计分检验。例如，在辅助回归方程 9.1 中使用 x_1，…，x_k，则允许在主要回归中发现误差方差随着一个或一个以上自变量的增加而增加这一趋势。

与之类似，库克与韦斯伯格(Cook and Weisberg, 1983)提出了将 u 根据从主要回归中获得的拟合值进行回归，从而得到一个自由度为 1 的计分检验，用以探测误差方差随着因变量增大而增加的一般趋势。当事实上误差方差正符合这一模式时，与更一般的对 u 根据 x 进行回归的结果相比，对 u 根据 $\hat{y}$ 进行辅助回归将获得更有效的检验。安斯库姆提出了一个类似(但更复杂)的步骤，他建议利用将 y 转换为 $y^{(\tilde{\lambda})}$ 来矫正已发现的异方差，其中 $\tilde{\lambda} = 1 - 1/2\hat{\alpha}_1\bar{y}$。

最后，怀特(White, 1980)提出了一个类似的计分检验法，这种方法基于将他自己提出的系数抽样方差的异方差矫正估计量(参见第 6 章与附录 9)与一般的系数方差估计量进行的比较。如果两个估计量差异很大，则需要对一致误差方差这一假设提出怀疑。怀特的检验可以作为对从主要回归中获得的残差平方进行的辅助回归，即对 e^2 根据所有的 x 及其平方和它们之间的两两组合。这样，对于包含两个自变量的主要回归，我们可以拟合模型为：

$$e_i^2 = \delta_0 + \delta_1 x_{1i} + \delta_2 x_{2i} + \delta_3 x_{1i}^2 + \delta_4 x_{2i}^2 + \delta_5 x_{1i} x_{2i} + v_i$$

一般来说，除了常数项之外，辅助回归中还有 $p = k(k+3)/2$ 个项。

检验零假设(一致的误差方差)的计分统计量为 $S^2 = nR^2$，其中 R^2 是辅助回归中复相关系数的平方。在零假设成立的情况下，S^2 服从自由度为 p 的近似 χ^2 分布。

由于所有计分检验都很容易违背除了一致误差方差之外的回归的其他假设，因此在实践中应该利用图示来辅助这些检验(Cook and Weisberg, 1983)。当存在多个 z 时，一个简单的诊断则为对 u_i 根据 $\hat{u}_i$ 绘制散点图，$\hat{u}_i$ 是辅助回归中的拟合值。当将 $\hat{u}_i$ 简单地根据 $\hat{y}_i$ 进行回归，则获得的散点图与第 6 章中提到的根据拟合值对学生残差进行回归获得的散点图非常相似。

根据奥恩斯坦连锁企业董事会数据，对 u 根据 $\hat{y}$ 进行的辅助回归将得到 $\hat{u} = 0.134 + 0.0594\hat{y}$，以及一个自由度下的 $S^2 = 147.6/2 = 73.8$。因此，有非常有力的证据显示误差方差是不一致的。利用安斯库姆的方法进行误差稳定化的转换为 $\tilde{\lambda} = 1 - 1/2(0.0594)(14.81) = 0.56$。将这个值与 Box-Cox 模型($\hat{\lambda} = 0.3$)、反复试错法($\lambda = 0.5$，见第 6 章)获得的值进行比较。

对 u 根据主要回归中的自变量进行的辅助回归，可以得到在自由度为 $k = 13$ 时，$S^2 = 172.6/2 = 86.3$，这也同样为误差方差不一致提供了有力的证据。检验辅助回归的系数可以发现，随着公司资产的增大，误差方差随之将增加这一趋势。然而需要注意的是，对于更一般的检验，计分统计量与对 u 根据 $\hat{y}$ 进行回归获得的结果相差不大，这表明，不一致误差方差的模式的确是方差的分布随着 y 的增大而扩散。公司资产当然是 $\hat{y}$ 的一个重要组成部分。因为怀特的检验需要 104 个回归因子，因此在此并不列出。

第10章

建　议

1. 在进行复杂的统计分析之前，先过滤你的数据。检验单一变量分布和双变量散点图尽管并不能取代本书中提供的方法，但可以揭示出类似奇异数据值、高度偏斜的分布、极端的非线性等等。如果数据集很小，则可考虑自己将数据输入电脑。一般来说，着手处理数据不要犹豫。

2. 当然需要利用一小部分简单稳健、信息量较足的诊断方法，而对需要用更复杂方法才能揭示出的问题，必须追查到底。下面对常见诊断方法的选择建议非常有用。

(1) 共线性：尽管共线性对于个体层面的截面数据并不是一个严重的问题(对于汇总或追踪数据则更常见)，但可以简单地通过计算方差膨胀因子进行诊断。

(2) 强影响数据、奇异值与非正态：除非是总体不准确的数据(例如，将缺失值编码为有效数据)，与较大的数据集相比，强影响数据往往出现在较小的数据集中。一个对学生残差根据预测值绘制的散点图就是一个很好的诊断，因为我提及的所有的影响程度统计量都或多或少取决于相关的值。库克的 D 的索引散点图为回归系数的影响程度提供了一个概括性的测量。偏回归散点图对于显示对单一系数的影响力与影响程度非常有效，并且可能揭示出一些强影响的观测子集，而这在单一观测删除统计量中则无法实现。学生残差的正态分位数比较散点图则可以揭示出奇异值以及偏斜与重尾分布。茎叶图、直方图或者学生残差的平滑直方图则可以显示出残差分布的形状，并可能揭示出多路方式这样的问题。

(3) 非线性：如果在偏回归散点图中显示出了非线性，那么在偏残差散点图中这一趋势将更加明显。因为后者非常容易构建，所以可以经常使用。

(4) 不一致误差方差：对学生残差根据拟合值绘制的散点图将会揭示误差方差随着 y 的等级而改变这一趋势，而这也是这一类型问题中的典型。

3. 如果可以的话，尽量使用平滑的方法(如 lowess 平滑散点图)以揭示出数据的模式。尽管诊断的技术往往只是指示大体的方向而不是细节的问题，但有时也可以弥补我们感知到的一些不存在的视觉模式，并帮助我们分离出一些视觉的干扰。

4. 尽量避免“过度拟合”这一陷阱(例如，对统计模型进行修改以捕捉数据中的偶然特征)。数据分析的部分艺术就在于判断如何根据数据进行调试。一个极端情况是，一些人忽略了数据中无法预知的模式来对教科书进行模仿以获得“客观”的统计分析，而这就要求模型是事先被确定好的。而另一极端则是，那些诊断技术的初学者往往删除了大部分数据，或者不停地对数据进行转换以获得微小的“较好”拟合。

图 10.1 讽刺了对不一致数据的抛弃。我在此必须指出，对所有的数据勉强拟合出一条直线，比删除那些令人恼怒的数据点更糟糕。当然，最好是能够理解这部分不一致的数据与其余数据有什么不同。

资料来源：获得大学联合会政治和社会研究暑期课程授予的重新印刷权利，1990年。

图 10.1 行动中的回归诊断

尽管对“确认搜索”(即通过检验数据而选择统计模型)的正规统计分析是非常复杂的(参见 Leamer，1978)，但是通过交互效度来评估模型的完备性是可行的(Mosteller and Tukey，1977)。为了使结果具有交互效度，我们首先将样本随机分为两个部分(并不一定要求分成同等规模)。一个子样本用来根据数据选择一个模型，然后利用另一半数据来测量这一模型的效度。当根据数据选择回归中的一部分自变量时，或当使用转换以应对非线性问题时，这一方法尤为有效。交互效度对于奇异与强影响数据并没有直接的作用，这些问题都是基于个体数据，而不是两个子数据而产生的。

交互效度要求的将样本分开，但研究者往往不愿意这样做，因为他们对于样本规模对估计精度的影响以及统计检验力度的影响非常敏感。但是，当数据的一部分用来选择模型，另一部分用于估计参数时，估计的精度是不切实际的，至少一部分是这样。然而，在我看来更糟糕的是，避免检验一个最先确认的模型的完备性，只是简单地为了保护经典的估计和检验“不受污染”。

正如上文提到的，删除奇异和强影响值并不能赋予数据交互效度。但是，在此之后对抽样方差的估计则是趋近最优的。然而，如果用于拒绝奇异和强影响数据的法则可以被精确地说明，那么可以在这之后对抽样方差进行估计（参见 Diaconis and Efron，1983；Stein，1965）。

5. 考虑数据的抽样特征。基于复杂的抽样设计获得的数据往往与观测有不可忽略的依赖关系（例如 Kish，1965）。同样，大量的缺失数据则需要特殊的处理办法（例如 Little and Rubin，1990）。

误差独立这一假设往往不切实际，这一情况常常发生在当观测是由时间点进行划分之时，这也产生了我们称之为“时间序列”的数据。用于探测和解决时间序列回归中误差自相关问题的方法，可以在奥恩斯坦（Ornstein，1990）和肯塔（Kmenta，1986）等人的书中找到。在这种情况下，一个有用的初步诊断就是对最小二乘残差根据代表时间的观测索引绘制散点图。

第 1 节 | 计算诊断量

现在标准的统计软件(例如 SAS、SPSS、BMDP 和 Systata)已经包含了许多本书讨论的诊断方法。哪怕某一个特殊的统计量或者步骤不是直接由这一软件提供,但常常也很容易计算或构造。例如在第 4 章中讨论到 DFFITS 和 COVRATIO,可以根据预测值和学生残差获得。同样,第 4 章与第 9 章中讨论的偏回归与构造变量散点图,可以通过构造某个适合的回归的残差而获得。即便是相对复杂的步骤,例如 lowess,也可以通过在 SAS 里进行编程而获得(而事实上,lowess 的散点图平滑方法在 Systat 和其他软件中已经包括)。

本书中几乎所有的计算都是使用 SAS 的 PC 版获得的,图形(仅有少数不是)则是由 SAS/GRAPH 获得。目前的统计软件对于应用诊断技术并不困难,并且标准软件的诊断功能也将不断进步。

第2节 | 延伸阅读

对于回归诊断和相关的主题，有大量的文献材料，例如“探索与图示数据分析”。幸运的是，现在有许多相关的文献采用了更易阅读的形式。

在我看来，库克和韦斯伯格(Cook and Weisberg, 1982b)的书对于了解评估影响力(作者并不喜欢这个词语)、奇异值和影响程度是最好的。这本书同样包括了对其他问题的讨论，例如非线性与对自变量和因变量的转换，但是并不包括对于共线性的处理。库克和韦斯伯格(Cook and Weisberg, 1982a)的文章则以较浓缩的模式讨论了本书中出现的主题。

查特吉和哈迪(Chatterjee and Hadi, 1988)的书是一本关于处理强影响数据的全面且新近的著作，此外，这本书也讨论了非线性与非一致误差方差等问题。这本书的杰出之处在于对不同测量影响程度的回归结果进行了比较，包括回归系数、系数方差以及共线性。

阿特金森(Atkinson, 1985)的书同样是一本非常有价值的著作，这本书强调了作者对回归诊断的重要贡献，例如构造变量散点图和仿真的方法。贝尔斯利等人(Belsley et al., 1980)的著作处理了强影响数据与共线性，主要介绍了作者在这些领域的工作。然而我认为，他们对共线性的处理都因主张在评估有问题的情况之前，不应该将截距处理掉这一主张而有所缺憾(参见 Belsley, 1984)。

一些应用回归和线性模型的书对于诊断有较多的处理。例如 Chatterjee and Price, 1977; Daniel and Wood, 1980 以及 Draper and Smith, 1981，对于共线性、变量选择和其他基于残差的诊断方法的讨论。此外还有韦斯伯格(Weisberg, 1985)、福克斯(Fox, 1984)对于本书中的一些主题的处理。一般讨论计量的著作包含探测和矫正对回归模型假设的违背，但往往是以理论为主而非基于数据分析。对于这一方法的例子，参见 Kmenta, 1986。

对于数据分析的图示和探测法，有许多优秀的著作，包括克利夫兰(Cleveland, 1985)对绘图的介绍，威利曼和霍格林(Velleman and Hoaglin, 1981)对探索数据分析的介绍。同样参见钱伯斯等人(Chambers et al., 1983)的著作，其中包括与克利夫兰类似的内容；杜凯(Tukey, 1977)的著作包括对于探索数据的分析；由霍格林、莫斯特勒和杜凯(Hoaglin, Mosteller and Tukey, 1983, 1985)编辑的丛书以及福克斯和朗编辑的丛书(Fox and Long, 1990)也提供了有用的帮助。最后，莫斯特勒和杜凯(Mosteller and Tukey, 1977)作为对杜凯(Tukey, 1977)手册的特殊回归著作，从数据分析的视角研究了许多与回归相关的有趣内容。

附　录

附录 1 | 最小二乘拟合、联合置信区域和检验

利用矩阵形式,线性回归模型可以被写成 $\mathbf{y}=\mathbf{X}\beta+\varepsilon$,其中 $\mathbf{y}$ 是一个 $n\times1$ 维的由因变量值组成的向量。$\mathbf{X}$ 是 $n\times(k+1)$ 的回归因子矩阵,其中包括常量回归因子,即矩阵中全部为 1 的第一列;β 是 $(k+1)\times1$ 的回归参数向量,ε 是 $n\times1$ 的误差向量。根据回归假设,$\varepsilon\sim N_n(0,\boldsymbol{\sigma}^2\mathbf{I})$,且与 $\mathbf{X}$ 独立。

拟合模型为 $\mathbf{y}=\mathbf{Xb}+\mathbf{e}$。为了获得 β 的最小二乘估计 $\mathbf{b}$,我们需要使得残差的平方和最小,$\mathbf{e}'\mathbf{e}=[\text{length}(\mathbf{e})]^2$。因为 $\mathbf{e}=\mathbf{y}-\hat{\mathbf{y}}$,通过使 $\hat{\mathbf{y}}=\mathbf{Xb}$ 成为 $\mathbf{y}$ 在由 $\mathbf{X}$ 的列获得的子空间上的垂直投影,使 $\mathbf{e}$ 的长度最小化。由于 $\mathbf{X}'\mathbf{e}=\mathbf{0}$,我们有 $\mathbf{X}'\mathbf{Xb}=\mathbf{X}'\mathbf{y}$,这是矩阵形式的一般方程。需要注意的是,由于 $\hat{\mathbf{y}}$ 在 $\mathbf{X}$ 的子空间的列上,所以残差与拟合值是垂直的:$\sum e_i\hat{y}_i=\mathbf{e}'\hat{\mathbf{y}}=0$。此外,由于 $\mathbf{X}$ 的第一列为 1,则有 $\sum e_i=\mathbf{1}'\mathbf{e}=0$。

另一种等价的表达为:

$$\mathbf{e}'\mathbf{e}=(\mathbf{y}-\mathbf{Xb})'(\mathbf{y}-\mathbf{Xb})=\mathbf{y}'\mathbf{y}-2\mathbf{y}'\mathbf{Xb}+\mathbf{b}'\mathbf{X}'\mathbf{Xb}$$

求微分可获得 $\partial\mathbf{e}'\mathbf{e}/\partial\mathbf{b}=-2\mathbf{X}'\mathbf{y}+2\mathbf{X}'\mathbf{Xb}$,通过求偏导可以使推导出一般方程的平方和函数最小化。如果 $\mathbf{X}'\mathbf{X}$ 是非奇异

的，即 $\mathbf{X}$ 的列中不存在共线性，则有 $\mathbf{b}=(\mathbf{X}'\mathbf{X})^{-1}\mathbf{X}'\mathbf{y}$。

根据假设，我们有 $E(\varepsilon)=\mathbf{0}$，且 $E(\mathbf{y})=\mathbf{X}\beta$，$E(\mathbf{b})=(\mathbf{X}'\mathbf{X})^{-1}\mathbf{X}'E(\mathbf{y})$，则 $\mathbf{b}$ 为 β 的无偏估计。根据假设，我们有 $V(\mathbf{y})=V(\varepsilon)=\sigma^2\mathbf{I}$，利用平方与乘积之和的矩阵 $\mathbf{X}'\mathbf{X}$ 的对称性，

$$V(\mathbf{b})=(\mathbf{X}'\mathbf{X})^{-1}\mathbf{X}'V(\mathbf{y})[(\mathbf{X}'\mathbf{X})^{-1}\mathbf{X}']'=\sigma^2(\mathbf{X}'\mathbf{X})^{-1}$$

根据误差正态分布这一假设，则有：

$$\mathbf{b}\sim N_{k+1}[\beta,\ \sigma^2(\mathbf{X}'\mathbf{X})^{-1}]$$

则对回归系数的 $100(1-\alpha)\%$ 的椭圆联合置信区域为：

$$(\mathbf{b}-\beta)'(\mathbf{X}'\mathbf{X})(\mathbf{b}-\beta)\leqslant(k+1)s^2F_{\alpha,\,k+1,\,n-k-1}$$

其中，$s^2=\mathbf{e}'\mathbf{e}/(n-k-1)$ 是对 σ^2，$F_{\alpha,\,k+1,\,n-k-1}$ 对于拥有 $k+1$ 和 $n-k-1$ 自由度的 F 的临界值。对于 p 个回归参数中的 β_1，我们有 $100(1-\alpha)\%$的置信区域：

$$(\mathbf{b}_1-\beta_1)\mathbf{V}_{11}^{-1}(\mathbf{b}_1-\beta_1)\leqslant ps^2F_{\alpha,\,p,\,n-k-1} \qquad [A.1]$$

在这里，V_{11}是$(\mathbf{X}'\mathbf{X})^{-1}$相对于 $\mathbf{b}_1$ 的行与列的 $p\times p$ 子阵。

通过置信区域的表达式，可以很容易地进行 F 检验。例如，检验 $H_0:\beta_1=\beta_1^{(0)}$，则有：

$$F_0=\frac{(\mathbf{b}_1-\beta_1^{(0)})'\ \mathbf{V}_{11}^{-1}(\mathbf{b}_1-\beta_1^{(0)})}{ps^2}$$

在 H_0 假设下服从 $F_{p,\,n-k-1}$分布。对于 $\beta_1^{(0)}=\mathbf{0}$，F_0 即为增量 F 统计量。

附录 2 岭回归

岭回归(Hoerl and Kennard，1970a、1970b)是在具有较强共线性的情况下获得更有效估计的一种方法。在这里,我解释岭回归的首要目的就是提醒大家,岭回归并不是对共线性的一种一般补救方法。

通过重新度量 $\mathbf{y}$ 和 $\mathbf{X}$ 的列,使它们的均值为 0,且具有单位长度,则求和即可得到相关系数。对于标准化回归系数的岭估计为:

$$\mathbf{b}_z^* = (\mathbf{R}_{\mathrm{xx}} z\mathbf{I})^{-1}\mathbf{r}_{xy} = (\mathbf{R}_{xx} + z\mathbf{I})^{-1}\mathbf{R}_{xx}\mathbf{b}^*$$

其中,$\mathbf{b}^* = \mathbf{R}_{xx}^{-1}\mathbf{r}_{xy}$ 是最小二乘估计量,$z \geqslant 0$ 是岭常量,通常由研究者自己选定。在这里,$\mathbf{R}_{xx}$ 是 x 之间的相关系数矩阵,$\mathbf{r}_{xx}$ 是 x 与 y 之间相关系数的矢量。通过对每个 $\mathbf{R}_{xx}$ 的对角值加上 z,则对角值(原来为 1)比非对角值(回归因子间的相关系数)膨胀了一部分,从而提高了自变量相关系数矩阵的调节。当 $z = 0$ 时,最小二乘和岭估计量相等:$\mathbf{b}_0^* = \mathbf{b}^*$。

霍尔和肯纳德(Hoerl and Kennard)证明了 $\mathbf{b}_z^*$ 的偏差随着 z 的增加而增加,即在 $z > 0$ 时,$V(\mathbf{b}_z^*) < V(\mathbf{b}^*)$,且 $V(\mathbf{b}_z^*)$随着 z 的增大而减小,那么 z 永远存在一系列值使 $\mathrm{MSE}(\mathbf{b}_z^*) < \mathrm{MSE}(\mathbf{b}^*)$。之前提到的均方误即抽样方差和偏

差平方之和，则岭回归中的技巧就是选择使偏差与方差之间权衡最优的 z 值。

评断 z 值为多少可以使岭估计量优于最小二乘估计量，这取决于未知参数 β^*，因此在实践中无法看出岭估计量具有何种理论上的优势。

附录 3 预测值和预测矩阵

最小二乘回归的拟合值是观测 y 的线性函数：

$$\hat{\mathbf{y}} = \mathbf{Xb} = \mathbf{X}(\mathbf{X}'\mathbf{X})^{-1}\mathbf{X}'\mathbf{y} = \mathbf{Hy}$$

这里，$\mathbf{H} = \mathbf{X}(\mathbf{X}'\mathbf{X})^{-1}\mathbf{X}'$ 就是预测矩阵。这样命名的原因在于它将 $\mathbf{y}$ 转换为 $\hat{\mathbf{y}}$。预测矩阵是对称（$\mathbf{H} = \mathbf{H}'$）和幂等（$\mathbf{H}^2 = \mathbf{H}$）的，这点很容易被证明。因此预测矩阵的对角值 $h_i = h_{ii}$ 叫做“预测值”，即

$$h_i = \sum_{j=1}^{n} h_{ij}^2 = h_i^2 + \sum_{j \neq i} h_{ij}^2$$

且有 $0 \leqslant h_{ii} \leqslant 1$。如果 $\mathbf{X}$ 包括了常数回归因子，则有 $1/n \leqslant h_i$。最后，由于 $\mathbf{H}$ 是一个投影矩阵，将 $\mathbf{y}$ 正交地投影在有 $\mathbf{X}$ 的列组成的子空间上，则有 $\sum h_i = k + 1$，因此 $\bar{h} = (k+1)/n$。细节参见霍格林和韦尔施（Hoaglin and Welsch，1978）或者查特吉和哈迪（Chatterjee and Hadi，1988：第 2 章）。

附录 4 | 最小二乘残差的分布

最小二乘的残差为：

$$\mathbf{e} = \mathbf{y} - \hat{\mathbf{y}} = (\mathbf{X}\beta + \varepsilon) - \mathbf{X}(\mathbf{X}'\mathbf{X})^{-1}\mathbf{X}'(\mathbf{X}\beta + \varepsilon) = (\mathbf{I} - \mathbf{H})\varepsilon$$

因此有

$$E(\mathbf{e}) = (\mathbf{I} - \mathbf{H})E(\varepsilon) = (\mathbf{I} - \mathbf{H})\mathbf{0} = \mathbf{0}$$

与

$$V(\mathbf{e}) = (\mathbf{I} - \mathbf{H})V(\mathbf{e})(\mathbf{I} - \mathbf{H})' = \sigma^2(\mathbf{I} - \mathbf{H})$$

因为 $\mathbf{I} - \mathbf{H}$ 与 $\mathbf{H}$ 一样是对称和幂等的。$\mathbf{I} - \mathbf{H}$ 不是对角矩阵，且其对角值往往是不相等的，因此即便误差服从独立同方差假设，残差之间仍彼此相关且具有不同的方差。

附录 5 删除诊断量

令 $\mathbf{b}_{(-i)}$ 表示忽略了第 i 个观测的最小二乘回归系数的矩阵。则 $\mathbf{d}_i = \mathbf{b} - \mathbf{b}_{(-i)}$ 表示了第 i 个观测对回归系数的影响，$\mathbf{d}_i$ 可以由以下方程算出：

$$\mathbf{d}_i = (\mathbf{X}'\mathbf{X})^{-1}\mathbf{x}_i \frac{e_i}{1-h_i} \qquad [\text{A. 2}]$$

Cook 的 D_i 是对"假设"$\beta = \mathbf{b}_{(-i)}$ 检验的 F 值：

$$D_i = \frac{(\mathbf{b}-\mathbf{b}_{(-i)})'\mathbf{X}'\mathbf{X}(\mathbf{b}-\mathbf{b}_{(-i)})}{(k+1)S^2} = \frac{(\hat{\mathbf{y}}-\hat{\mathbf{y}}_{(-i)})'(\hat{\mathbf{y}}-\hat{\mathbf{y}}_{(-i)})}{(k+1)S^2}$$

因此，另一个对 D_i 的解释就是它测量了观测 i 对拟合值 $\hat{\mathbf{y}}$ 的汇总影响，这就是贝尔斯利等人(Belsley et al.，1980)称他们的类似统计量为"DFFITS"的原因。利用方程 A. 2 可得：

$$D_i = \frac{e_i^2}{s^2(k+1)} \times \frac{h_i}{(1-h_i)^2} = \frac{e_i'^2}{k+1} \times \frac{h_i}{1-h_i}$$

这也是书中所给出的方程。

附录 6 | 偏回归散点图

用矩阵的形式,拟合的多元回归模型为:

$$\mathbf{y} = b_0\mathbf{1} + b_1\mathbf{x}_1 + \cdots + b_k\mathbf{x}_k + \mathbf{e} \qquad [A.3]$$

其中,$\mathbf{y}$ 和 $\mathbf{x}_j$ 是观测的 $n\times 1$ 维向量,$\mathbf{1}$ 是 $n\times 1$ 维向量。在最小二乘回归中,是 $\hat{\mathbf{y}} = b_0\mathbf{1}+b_1\mathbf{x}_1+\cdots+b_k\mathbf{x}_k$ 是 $\mathbf{y}$ 在回归子空间的正交投影。令 $\mathbf{y}^{(1)}$ 和 $\mathbf{x}^{(1)}$ 分别表示 $\mathbf{y}$ 与 $\mathbf{x}_1$ 在由 $\mathbf{1}$ 和 $\mathbf{x}_2$, …, $\mathbf{x}_k$ 组成的子集的补集上的投影(即对 y 和 x_1 根据其他 x 回归获得的残差向量)。根据投影的几何性质,$\mathbf{y}^{(1)}$ 在 $\mathbf{x}^{(1)}$ 上的投影为 $b_1\mathbf{x}^{(1)}$,且 $\mathbf{y}^{(1)}-b_1\mathbf{x}^{(1)}=\mathbf{e}$, 即从方程 A. 3 中获得残差向量。

附录 7 | lowess 平滑散点图

对局部权重散点图平滑法的简写为 lowess(Cleveland, 1985),它可以帮助对每个 x_i 获得对应的平滑拟合值 $\hat{y}_i$(其中 y 和 x 是散点图中的垂直与水平变量)。为了获得平滑值, lowess 步骤会针对每个观测 i 拟合数据的 n 条回归线,并突出接近 x_i 的 x 值。图 A.1 显示了 lowess 步骤。由于 lowess 是需要精密计算的,因此需要一个特殊的电脑程序来运行,但是这个程序很容易写,且越来越普遍。

选择一个平滑分量:选择一个数据中的分量 $0 < f \leqslant 1$,使得每个对应于 $r = [fn]$ 的数据值的拟合都包含在内,其中中括号代表取其最接近的正数。通常 $f = 1/2$ 或 $2/3$ 较为适用。较大的 f 值将产生更平滑的结果。

局部权重回归:对每个 x_i,选择最接近 x 的 r 值,用 $x_1^{(i)}$, …, $x_r^{(i)}$ 表示,参见图 A.1(a)。对这个观测的窗口一半的宽度即为到最远的 $x_j^{(i)}$ 的距离,即 $W_i = |x_i - x_r^{(i)}|$。对窗口内 r 个观测中的每一个,计算权重 $w_j^{(i)} = w_t[(x_j^i - x_i)/W_i]$,其中 w_t 是三次方的权重函数。

$$w_{t(z)} = \begin{cases} 0 & (|z| \geqslant 1) \\ (1 - |z|^3)^3 & (|z| < 1) \end{cases}$$

在这里，z 仅代表三次方函数的自变数，即 $(x_j^{(i)}-x_i)/W_i$。因此当 $x_j^{(i)}$ 接近窗口的界线（且最大的为 x_i）时，$w_j^{(i)}$ 减小至 0。

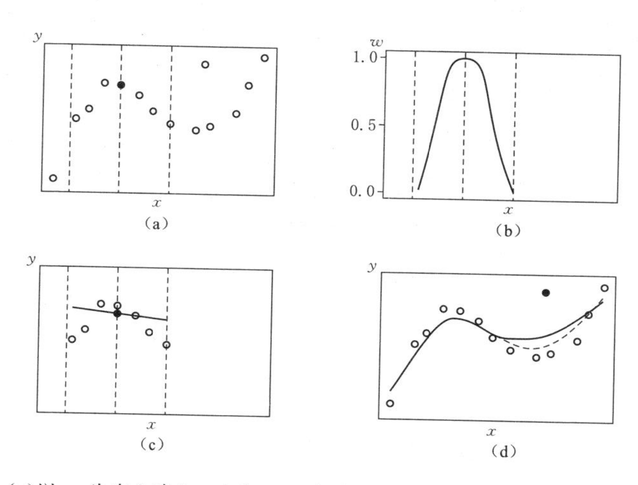

注：(a)以 x_5 为中心建立一个窗口，以包含数据的 $f=1/2$，因此 $r=[fn]=7$ 个点在窗口中。点(x_5, y_5)用一个实心点表示。(b)三次方权重函数在窗口的界线处下降至 0，且当时 $x=x_5$ 时取得最大值。(c)对窗口内的七个观测进行局部回归，并使用由(b)中权重函数获得的权重。x_5 处的 lowess 拟合值 $\hat{y}_5$是用实心点表示的。每个观测都重复步骤(a)、(b)和(c)以获得整个数据集的全部 14 个拟合值。(d)通过连接这些拟合值 $\hat{y}$，…，$\hat{y}_{14}$，就能获得 lowess 曲线（实线）。注意，这条曲线被拖向下方的观测（拟合点）。这条虚线显示了对奇异值赋予低权重是如何帮助获得更稳健的拟合（连接拟合值 $\hat{y}'_1$，…，$\hat{y}'_{14}$）的。

资料来源：《基本数据绘图》(*The Element of Graphing Data*)，W. S. Cleveland。版权© 1985 贝尔电话实验室，Murray Hill，NJ。获得了 Wadsworth 和 Brooks/Cole 的高级图书和软件的同意，Pacific Grove，CA 93950。

图 A.1 lowess 是如何运作的

参见图 A.1(b)，则拟合这个回归方程：

$$y_j^{(i)} = a_i + b_i x_j^{(i)} + e_j^{(i)}$$

将使 $\sum_{j=1}^{r} w_j^{(1)} e_j^{(i)2}$ 最小（参见附录 8 的权重最小二乘回归）。计算拟合值 $\hat{y}_i = a_i + b_i x_i$ 。注意，对每个 $i = 1, \cdots, n$ 都有一个拟合方程，且都有一个拟合的值。

对奇异值赋予低权重：计算残差 $e_i = y_i - \hat{y}_i$。计算能够低估具有较大残差观测的稳健权重：$\delta_i = w_b(e_i/6M)$，其中 M 是残差 $|e_i|$ 绝对值的中位数，w_b 是二次方权重函数：

$$w_{b(z)} = \begin{cases} 0 & (|z| \geqslant 1) \\ (1 - z^2)^2 & (|z| < 1) \end{cases}$$

稳健局部权重回归：重复局部权重回归，但是在单独回归中，使用混合权重 $\delta_j w_j^{(i)}$ 得出新的拟合值 $\hat{y}'_i$。

附录 8 | 权重最小二乘估计

假设回归模型为：

$$y_i = \beta_0 + \beta_1 x_{1i} + \beta_2 x_{2i} + \cdots + \beta_k x_{ki} + \varepsilon_i$$
$$\varepsilon_i \sim \mathrm{NID}(0, \sigma^2) \qquad [A.4]$$

误差的标准差与 x_1 是成比例的，$\sigma_i = \sigma x_{1i}$。在方程 A. 4 两边都除以 x_{1i}可以获得：

$$\frac{y_i}{x_{1i}} = \beta_0 \frac{1}{x_{1i}} + \beta_1 + \beta_2 \frac{x_{2i}}{x_{1i}} + \cdots + \beta_k \frac{x_{ki}}{x_{1i}} + \frac{\varepsilon}{x_{1i}} \qquad [A.5]$$

且由于 $x_{1i} = \sigma_i/\sigma$，则最后一项变为 $\varepsilon_i' = \sigma\varepsilon_i/\sigma_i$。因为 $V(\varepsilon_i') = \sigma^2 V(\varepsilon_i)/\sigma_i^2 = \sigma^2$ 是恒定的，所以对方程 A. 5 的转换可以通过最小二乘回归获得，包括对 y_i/x_{1i}根据一个恒定的回归因子 $1/x_{1i}$和对 x_{2i}/x_{1i}根据 x_{ki}/x_{1i}进行的回归，这样可以获得对 β 的估计和它们的标准误。这个步骤与将权重的平方和 $\sum e_i^2/\sigma_i^2$ 最小化是等价的，这可以得到方程 A. 4 的最大似然估计。只要误差方差是一个一致的百分常量 $V(\varepsilon_i) = \sigma^2 w_i$，这种方法就是有效的(参见 Weisberg，1985:第 4 章)。

附录 9 矫正异方差的最小二乘标准误

回顾附录 1,最小二乘估计量的协方差矩阵为:

$$V(\mathbf{b})=(\mathbf{X}'\mathbf{X})^{-1}\mathbf{X}'V(\mathbf{y})\mathbf{X}(\mathbf{X}'\mathbf{X})^{-1} \qquad [A.6]$$

在误差方差一致性的假设下,有 $V(\mathbf{y})=\sigma^2\mathbf{I}$,方程 A.6 将其简化为一般的形式,$V(\mathbf{b})=\sigma^2(\mathbf{X}'\mathbf{X})^{-1}$。如果误差是异方差但是独立的,则 $V(\mathbf{y})=\sum=\mathrm{diag}(\sigma_1^2,\cdots,\sigma_n^2)$,且

$$V(\mathbf{b})=(\mathbf{X}'\mathbf{X})^{-1}\mathbf{X}'\sum\mathbf{X}(\mathbf{X}'\mathbf{X})^{-1}$$

因为 $E(\varepsilon_i)=0$,第 i 个误差方差位 $\sigma_i^2=E(\varepsilon_i^2)$,这表明了估计 $V(\mathbf{b})$的可能性:

$$\widetilde{V}(\mathbf{b})=(\mathbf{X}'\mathbf{X})^{-1}\mathbf{X}'\hat{\sum}\mathbf{X}(\mathbf{X}'\mathbf{X})^{-1} \qquad [A.7]$$

其中,$\hat{\sum}=\mathrm{diag}(e_i^2,\cdots,e_n^2)$,$e_i$ 是观测 i 的最小二乘残差。怀特(White,1980)证明了方程 A.7 是 $V(\mathbf{b})$的一致估计量。

例如,对奥恩斯坦连锁董事会数据,怀特的方法获得的估计标准误与一般方程获得的结果基本类似(在表 6.1 中给出)。事实上,对大部分系数而言,矫正的误差方差比未矫正的要小一些。但是,公司资产平方差的系数的矫正误差方差为 0.028,比未矫正的误差方差 0.019 大了许多。

附录 10 | 当误差方差不一致时最小二乘估计的有效性和可信性

不一致误差方差对最小二乘估计有效性的影响和对最小二乘推论可信性的影响基于许多因素，包括样本规模、σ_i^2 的变异程度、x 值的模式和误差方差与 x 之间的关系。因此，我们无法获得一个普遍适用的结论，但是下面的简单例子可以说明很多问题且支持本书所给的建议。

假设 $y_i = \beta_0 + \beta_1 x_i + \varepsilon_i$，其中 $\varepsilon_i \sim \text{NID}(0, \sigma_i^2)$ 且 $\sigma_i = \sigma x_i$（与附录 8 中的一样）。则 OLS 的估计量 b_1 没有 WLS 估计量 $\hat{\beta}_1$ 有效，因为后者的情况是 β_1 的最大有效无偏估计量。

抽样方差 b_1 与 $\hat{\beta}_1$ 的公式很好推导（如 Kmenta，1986：第 8 章）。OLS 估计量的有效性与 WLS 最佳的估计量有效性的比较可以通过 $V(\hat{\beta}_1)/V(b_1)$ 得出，而 OLS 的相对精确度为这个比例的平方根，即 $\text{SE}(\hat{\beta}_1)/\text{SE}(b_1)$。

现在，假设 x 是在区间 $[x_0, \alpha x_0]$ 上一致分布的，其中 $x_0 > 0$ 且 $\alpha > 0$，则 α 是 x 的最大值与最小值的比例（因此也就是最大与最小的 σ_i）。OLS 估计量的相对精度随着样本规模的增大而逐渐变得稳定，且当 $\alpha = 2$ 时超过 90%，$\alpha = 3$ 时超过 85%，即便 n 很小，只有 20。对 $\alpha = 10$，使用 OLS 的代价则较大，但是当 $n \geqslant 20$ 时，相对精度仍然超过 65%。

基于最小二乘估计的统计推断有效性，对一般模式的不一致误差方差并不十分敏感。这里，我们需要比较一般估计量 $V(b_1)$ 的期望与真正的抽样方差 b_1。同样，$E[\hat{V}(b_1)]$ 的公式很容易推导出来（参见 Kmenta，1986：第 8 章）。$E[\hat{V}(b_1)]/V(b_1)$ 的平方差显示了相对标准误项的结果。例如，针对 $n \geqslant 20$ 的情况，当比例为 98% 时，$\alpha = 2$；当比例为 97% 时，$\alpha = 3$；当比例为 93% 时，$\alpha = 10$。

参考文献

Anscombe, F. J. (1960) "Rejection of outliers" [with commentary]. *Technometrics* 2:123—166.

Anscombe, F. J. (1961) "Examination of residuals." *Proceedings of the Fourth Berkeley Symposium of Mathematical Statistics and Probability* 1:1—36.

Anscombe, F. J. (1973) "Graphs in statistical analysis." *American Statistician* 27:17—22.

Anscombe, F. J. , and Tukey, J. W. (1963) "The examination and analysis of residuals." *Techonometrics* 5:141—160.

Atkinson, A. C. (1985) *Plots, Transformations, and Regression: An Introduction to Graphical Methods of Diagnostic Regression Analysis.* Oxford: Clarendon.

Bartlett, M. S. (1937) "Properties of sufficiency and statistical tests." *Proceedings of the Royal Society* A 160:268—282.

Beckman, R. J. , and Cook, R. D. (1983) "Outliers." *Technometrics* 25: 119—163.

Belsley, D. A. (1984) "Demeaning condition diagnostics through centering" [with commentary]. *American Statistician* 38:73—93.

Belsley, D. A. , Kuh, E. , and Welsch, R. E. (1980) *Regression Diagnostics: Identifying Influential Data and Sources of Collinearity.* New York: John Wiley.

Box, G. E. P. , and Cox, D. R. (1964) "An analysis of transformations." *Journal of the Royal Statistical Society, Series* B 26:211—252.

Breusch, T. S. , and Pagan, A. R. (1979) "A simple test for heteroscedasticity and random coefficient variation." *Econometrica* 47:1287—1294.

Chambers, J. M. , Cleveland, W. S. , Kleiner, B. and Tukey, P. A. (1983) *Graphical Methods for Data Analysis.* Belmont, CA: Wadsworth.

Chatterjee, S. , and Hadi, A. S. (1988) *Sensitivity Analysis in Linear Regression.* New York: John Wiley.

Chatterjee, S. , and Price, B. (1977) *Regression Analysis by Example.* New York: John Wiley.

Cleveland, W. S. (1985) *The Elements of Graphing Data.* Belmont. CA: Wadsworth.

Conover, W. J., Johnson, M. E., and Johnson, M. M. (1981) "A comparative study of tests for homogeneity of variance, with applications to the outer continental shelf bidding data." *Techometircs* 23:351—361.

Cook, R. D. (1977) "Detection of influential observation in linear regression." *Technometrics* 19:15—18.

Cook, R. D., and Weisberg, S. (1982a) "Criticism in regression," in S. Leinhardt (ed.) *Sociological Methodology* (pp. 316—361). San Francisco: Jossey-Bass.

Cook, R. D., and Weisberg, S. (1982b) *Residuals and Influence in Regression*. London: Chapman and Hall.

Cook, R. D., and Weisberg, S. (1983) "Diagnostics for heteroscedasticity in regression." *Biometrika* 70:1—10.

Daniel, C., and Wood, F. S. (1980) *Fitting Equations to Data* (2nd ed.). New York: John Wiley.

Davis, C. (1990) "Body image and weight preoccupation: A comparison between exercising and non-exercising women." *Appetite* 15:13—21.

Diaconis, P., and Feron, B. (1983) "Computer intensive methods in statistics." *Scientific American* 248(5):116—130.

Draper, N. R., and Smith, H. (1983) *Applied Regression Analysis* (2nd ed.). New York: John Wiley.

Duncan, O. D. (1961) "A socioeconomic index for all occupations," in A. J. Reiss, Jr., with O. D. Duncan, P. K. Hatt, and C. C. North, *Occupations and Social Status* (pp. 109—138). New York: Free Press.

Ericksen, E. P., Kadane, J. B., and Tukey, J. W. (1989) "Adjusting the 1980 Census of Population and Housing." *Journal of the American Statistical Association* 84:927—944.

Fox, J. (1984) *Linear Statistical Models and Related Methods*. New York: John Wiley.

Fox, J. (1990) "Describing univariate distributions," in J. Fox and J. S. Long(eds.) *Modern Methods of Data Analysis* (pp. 58—125). Newbury Park, CA: Sage.

Fox, J., and Monette, G. (in press) "Generalized collinearity diagnostics." *Journal of the American Statistical Association*.

Fox, J., and Suschnigg, C. (1989) "A note on gender and the prestige of occupations." *Canadian Journal of Sociology* 14:353—360.

Gallant, A. R. (1975) "Nonlinear regression." *American Statistician* 29:

73—81.

Hoaglin, D. C., Mosteller, F., and Tukey, J. W. (eds.) (1985) *Exploring Data Tables, Trends, and Shapes*. New York: John Wiley.

Hoaglin, D. C., and Welsch, R. E. (1978) "The hat matrix in regression and ANOVA." *American Statistician* 32:17—22.

Hoerl, A. E., and Kennard, R. W. (1970a) "Ridge regression: Applications to nonorthogonal problems." *Technometrics* 12:69—82.

Hoerl, A. E., and Kennard, R. W. (1970b) "Ridge regression: Biased estimation for nonorthogonal problems." *Technometrics* 12:55—67.

Kish, L. (1965) *Survey Sampling*. New York: John Wiley.

Kmenta, J. (1986) *Elements of Econometrics* (2nd ed.). New York: Mascmillan.

Leamer, E. E. (1978) *Specification Searches: Ad Hoc Inference with Nonexperimental Data*. New York: John Wiley.

Little, R. J. A., and Rubin, D. B. (1990) "The analysis of social science data with missing values," in J. Fox and J. S. Long (eds.) *Modern Methods of Data Analysis* (pp. 374—409). Newbury Park, CA: Sage.

Mallows, C. L. (1973) "Some comments on C_p." *Technometrics* 15: 661—676.

Mallows, C. L. (1986) "Augmented partial residuals." *Technometrics* 28: 313—319.

Monette, G. (1990) "Geometry of multiple regression and interactive 3-D graphics," in J. Fox and J. S. Long (eds.) *Modern Methods of Data Analysis* (pp. 209—256). Newbury Park, CA: Sage.

Mosteller, F., and Tukey, J. W. (1977) *Data Analysis and Regression: A Second Course in Statistics*. Reading, MA: Addison-Wesley.

National Opinion Research Center. (1989) *General Social Survey* [data set]. Chicago: Author.

Ornstein, M. D. (1976) "The boards and executives of the largest Canadian corporations: Size, composition, and interlocks." *Canadian Journal of Sociology* 1:411—437.

Ostrom, C. W., Jr. (1990) *Time Series Analysis: Regression Techniques* (2nd ed.). Newbury Park, CA: Sage.

Pineo, P. C., and Porter, J. (1967) "Occupational prestige in Canada." *Canadian Review of Sociology and Anthropology* 4:24—40.

Rousseeuw, P. J., and Leroy, A. M. (1987) *Robust Regression and Outlier*

Detection. New York: John Wiley.

Silverman, B. W. (1986) *Density Estimation for Statistics and Data Analysis*. London: Chapman and Hall.

Statistics Canada. (1971) *Census of Canada* (Vol. 3). Ottowa, Canada: Author.

Stine, R. (1990) "An introduction to bootstrap methods: Examples and ideas," in J. Fox and J. S. Long (eds.) *Modern Methods of Data Analysis* (pp. 325—373). Newbury Park, CA: Sage.

Theil, H. (1971) *Principles of Econometrics*. New York: John Wiley.

Tobin, J. (1958) "Estimation of relationship for limited dependent variables." *Econometrica* 26:24—36

Tukey, J. W. (1977) *Exploratory Data Analysis*. *Reading*, MA: Addison-Wesley.

Velleman, P. F., and Hoaglin, D. C. (1981) *Applications, Basics and Computing of Exploratory Data Analysis*. Boston: Duxbury.

Velleman, P. F., and Welsch, R. E. (1981) "Efficient computing of regression diagnostics." *American Statistician* 35:234—241.

Weisberg, S. (1985) *Applied Linear Regression* (2nd ed.). New York: John Wiley.

White, H. (1980) "A heteroscedasticity-consistent covariance matrix estimator and a direct test for heteroscedasticity." *Econometrica* 38: 817—838.

Wonnacott, T. H., and Wonnacott, R. J. (1990) *Introductory Statistics* (5th ed.). New York: John Wiley.

译名对照表

added-variable plot	添加变量散点图
autocorrelated error	误差自相关
biased estimation	有偏估计
bulging rule	撑压法则
component-plus-residuals plots	分量—残差散点图
conditioning	调节
cutoffs	截断点
deleted studentized residual	删除学生残差
diagnostics	诊断
elasticity	弹性
externally studentized residual	外部学生残差
general linear model	一般线性模型
hat matrix	预测矩阵
hat-values	预测值
high-breakdown estimator	高分项估计量
influential observation	强影响观测值
locally weighted scatterplot smoother	局部权重散点图平滑法
mean-squared error	均方差
model respecification	模型的重新确定
multicollinearity	多元共线性
multiple mode	多路方式
multiple correlation	复相关系数
multiple regression	多元回归
non-normality	非正态
normal quantile-comparison	残差的正态分位数
plot of residuals	比较散点图
onstructed variables	构造变量
outliers	奇异值
overfitting	过度拟合
partial effect	局部效应
partial-regression leverage plots	偏回归影响力散点图

partial-regression plots	偏回归图
power transformation	次方转换
ridge constant	岭常数
ridge regression	岭回归
robust estimator	稳健估计量
robust regression	稳健回归
score tests	计分检验
smoothed histogram	平滑直方图
standard deviation	标准差
standardized residual	标准化残差
stem-and-leaf display	茎叶图
studentized residuals	学生残差
time-series regression	时间序列回归
truncation or censoring	截断或者删节
unit-normal deviate	单位正态变异
variance-inflation factor	方差膨胀因子

图书在版编目(CIP)数据

回归诊断简介/(加)约翰·福克斯著;於嘉译
.—上海:格致出版社:上海人民出版社,2019.7
(格致方法·定量研究系列)
ISBN 978-7-5432-3028-6

Ⅰ.①回… Ⅱ.①约… ②於… Ⅲ.①回归分析-研究 Ⅳ.①O212.1

中国版本图书馆 CIP 数据核字(2019)第 126204 号

责任编辑 顾 悦

格致方法·定量研究系列
回归诊断简介
[加]约翰·福克斯 著
於嘉 译

出　版 格致出版社
上海人民出版社
(200001 上海福建中路 193 号)
发　行 上海人民出版社发行中心
印　刷 浙江临安曙光印务有限公司
开　本 920×1168 1/32
印　张 4.75
字　数 94,000
版　次 2019 年 7 月第 1 版
印　次 2019 年 7 月第 1 次印刷
ISBN 978-7-5432-3028-6/C·219
定　价 35.00 元

Regression Diagnostics

上海市版权局著作权合同登记号:图字 09-2009-547

格致方法·定量研究系列

1. 社会统计的数学基础
2. 理解回归假设
3. 虚拟变量回归
4. 多元回归中的交互作用
5. 回归诊断简介
6. 现代稳健回归方法
7. 固定效应回归模型
8. 用面板数据做因果分析
9. 多层次模型
10. 分位数回归模型
11. 空间回归模型
12. 删截、选择性样本及截断数据的回归模型
13. 应用 logistic 回归分析（第二版）
14. logit 与 probit：次序模型和多类别模型
15. 定序因变量的 logistic 回归模型
16. 对数线性模型
17. 流动表分析
18. 关联模型
19. 中介作用分析
20. 因子分析：统计方法与应用问题
21. 非递归因果模型
22. 评估不平等
23. 分析复杂调查数据（第二版）
24. 分析重复调查数据
25. 世代分析（第二版）
26. 纵贯研究（第二版）
27. 多元时间序列模型
28. 潜变量增长曲线模型
29. 缺失数据
30. 社会网络分析（第二版）
31. 广义线性模型导论
32. 基于行动者的模型
33. 基于布尔代数的比较法导论
34. 微分方程：一种建模方法
35. 模糊集合理论在社会科学中的应用
36. 图解代数：用系统方法进行数学建模
37. 项目功能差异（第二版）
38. Logistic 回归入门
39. 解释概率模型：Logit、Probit 以及其他广义线性模型
40. 抽样调查方法简介
41. 计算机辅助访问
42. 协方差结构模型：LISREL 导论
43. 非参数回归：平滑散点图
44. 广义线性模型：一种统一的方法
45. Logistic 回归中的交互效应
46. 应用回归导论
47. 档案数据处理：生活经历研究
48. 创新扩散模型
49. 数据分析概论
50. 最大似然估计法：逻辑与实践
51. 指数随机图模型导论
52. 对数线性模型的关联图和多重图
53. 非递归模型：内生性、互反关系与反馈环路
54. 潜类别尺度分析
55. 合并时间序列分析
56. 自助法：一种统计推断的非参数估计法
57. 评分加总量表构建导论
58. 分析制图与地理数据库
59. 应用人口学概论：数据来源与估计技术
60. 多元广义线性模型
61. 时间序列分析：回归技术（第二版）
62. 事件史和生存分析（第二版）
63. 样条回归模型
64. 定序题项回答理论：莫坎量表分析
65. LISREL 方法：多元回归中的交互作用
66. 蒙特卡罗模拟
67. 潜类别分析
68. 内容分析法导论（第二版）